したたかな植物たち

あの手この手の㊙大作戦

多田 多恵子

はじめに

植物はじっとして動かない。人間を含めて動物たちに、踏みつけられ、引っこ抜かれて、食べられる。そんな植物たちの生き方をひたすら受け身と思うのは、しかし、とんだ的はずれである。もの静かな植物たちも、人気ゲームのピクミンたちと同様、本当は「闘う」存在だからだ。

この本は、身近な植物たちのあっと驚く私生活を紹介する、サイエンス暴露本？である。すべからく植物は、道端の小さな雑草たちでさえ、それぞれの環境の試練を克服し、厳しい競争を勝ち残り、より多くの子孫を成功させるために、数々の巧妙なテクニックを進化させてきた。光センサーに自動開閉システム、振動感知型発射装置、毒の化学兵器、アリの傭兵、……。花は甘い誘惑や騙しを駆使して実を結び、種子は風や動物を操り時空を超えて旅に出る。まあ、まずは楽しく読んでいただきたい。

主人公の植物たちに関連して、寄生、共生、性の進化、他種との共進化など、広く生物の相互作用や進化の仕組みについても、最近の興味深い話題を盛り込んだ。難しい用語や表現を避け、だれにでも読みやすく解説したつもりである。巻末に用語解説もつけたので、辞典代わりに活用していただけたらと思う。

植物たちはしたたかに、そしてけなげに生きている。動けないからこそ、植物はさまざまな環境条件や競争相手や外敵と絶え間なく闘い続け、生きるためのさまざまなテクニックを獲得してきた。この本を読んで、植物たちを彼らの立場から暖かく理解してもらえたらと願う。私たち人間の、植物とのかかわりの歴史とその未来についても考えていただけたら本望である。

多田 多恵子

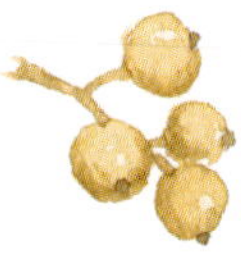

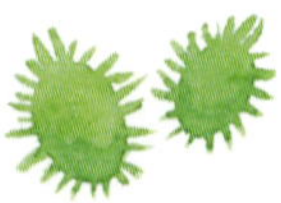

バブル都市化の陰に勃発！

昭和タンポポ合戦

Taraxacum spp.

思い出の中に咲くタンポポと、
いまのタンポポは違う花?!
すみかを奪われた愛らしい花は、
エイリアンの侵略になすすべなく、
このまま人知れず消えてしまうのか？

愛らしい名の由来は

日ごとに太陽はその輝きを増し、木々の枝先も淡い緑に光り出す。季節は春。暖かな陽光を集めて、タンポポが咲いた。

幼い子どもが一番最初に覚える花。野道の傍らはもちろん、都会のコンクリートのすき間からも咲く親しみ深い花。それが、タンポポだ。

愛らしい名である。漢字で「蒲公英」と書くのは、漢名をそのまま使ったもの。「たんぽぽ」という音は日本で生まれた呼び名である。その名の由来にはいくつかの説がある。

花を横から見たときの形が鼓（つづみ）（の半分）に似ている、あるいは茎の両端を細かく裂いて水につけると放射状に反り返って広がり鼓のような形になること（15ページ参照）から、鼓の音でタン、ポ、ポ。昔の子どもは鼓のことをこう呼んでいたらしい。古くは鼓草（つづみぐさ）の名でも呼ばれていた。

丸い綿毛の穂をたんぽ（布に綿を丸く包んだもので稽古槍の先につける）に見立てて、「たんぽ穂」。

古名の「田菜」に、ほほけた穂という意味で、たなほほ、たんぽぽ。

語源はどうあれ、愛らしい響きは花のイメージにぴったりだ。

共存していたエイリアン

花を摘み、綿毛を吹いて飛ばした遠い記憶。タンポポは郷愁を誘う花でもある。だが、子どもの頃の「タンポポ」と、いま目の前に咲いている「タンポポ」は、もしかしたらまったくの別人かも知れないのだ。懐かしい幼な

＊本文中の太字の用語については、巻末の「エライオソーム用語解説」に詳細な説明を付しました。

カントウタンポポ　在来のタンポポは自然度の高い場所にしか見られない。これは小石川植物園での写真。「カントウタンポポの咲く公園」が謳い文句になるほど、都内の自生地は減っている

カントウタンポポ
総苞片が重なっている

セイヨウタンポポ
総苞片は反り返っている

じみは、同じ笑顔を装ったエイリアンによって、知らぬ間にとって替わられてしまったかもしれないのだ。

エイリアンを見破る術はある。両者の写真で、花のつけねの部分（**総苞**）を見比べてみてほしい。左はカントウタンポポ。右がセイヨウタンポポである。

日本**在来種**であるカントウタンポポの総苞片（総苞の一枚一枚）は、瓦状に重なり合っている。それに対して、ヨーロッパからやってきたセイヨウタンポポは、総苞片がくるりと反り返っている。

日本在来のタンポポは十数種類ある。そのうち、平地に生えて黄色い花を咲かせる種類としては、北から順にエゾタンポポ、シナノタンポポ、カントウタンポポ、トウカイタンポポ、カンサイタンポポなどがあり、それぞれ花の大きさや総苞片の形などが少しずつ違っている。このうち染色体の数が違い、繁殖の仕組みも異なっているエゾタンポポを除き、それ以外の種類を以後はまとめて「在来タンポポ」と呼ぶことにしよう。

セイヨウタンポポが日本にやってきたのは明治時代のはじめ頃。放牧している乳牛に食べさせるために、北海道の牧場に導入したのが始まりだという（葉や茎を切ると白い乳液が出ることから、西洋では牛に食べさせると乳の出がよくなると信じられていたらしい）。セイヨウタンポポは、しだいに全国各地に見られるようになった。

危機とチャンスと

セイヨウタンポポが爆発的に増えたのは、昭和30～40年代、いわゆる高度成長時代であ

カンサイタンポポ　日本に自生するタンポポは、変異が大きい上に中間的なものも多く、分類が難しいグループである。というのも、ひとつの祖先種からいくつかの新しい種が分かれて生じる過程を「種分化」というが、タンポポはまさに種分化の真っ最中にある植物群だからだ。在来タンポポのひとつ、カンサイタンポポは、カントウタンポポやエゾタンポポに比べて全体にほっそりとした感じで花びらの数も少ない。京都府立植物園にて

ミヤマタンポポ　日本のタンポポの中には、このミヤマタンポポやクモマタンポポなど高山性の種類もあり、いずれも低温や凍結といった高山特有の環境に適応した生態的特性を持つ。立山・雄山付近の稜線にて

る。野山にブルドーザーが入って林や野原が消えると、そこはもう、埃っぽいコンクリートと鋼鉄とアスファルトの空間に変わってしまう。のどかな野道も車が忙しく行き交う舗装道路に姿を変える。在来タンポポの咲いていた場所はことごとく掘り返され、まったく異質な環境に造り変えられてしまったのだ。これが、在来タンポポにとっては消滅をもたらし、セイヨウタンポポにとっては願ってもない繁殖の大チャンスとなった。

漫画の『サザエさん』を見ると、昭和20年代頃までは、通りの電柱に牛がつながれていたり、庭先で山羊や鶏を飼っていたりと、東京23区内にものどかな田園情緒が残っていたことがわかる。そちこちに雑木林や田畑も残り、夏にはでこぼこ道の上をオニヤンマが行き来し、秋にはモズの高鳴きが響いていた。

私の母の実家は東京・杉並区の荻窪だが、近所の田んぼで秋はイナゴ捕り、春にはつくし摘みが、家族総出の恒例行事だったという。その頃の子どもたちが手をつないで歩いた野道には在来タンポポが咲いていたに違いない。

平成狸合戦ならぬ、昭和タンポポ合戦。急速に消えゆく自然とともに、身近な花であった在来タンポポも、宮崎アニメのぽんぽこ狸と同じ運命を辿ったのだ。

交替劇の舞台裏

この交替劇は、在来タンポポとセイヨウタンポポの、いったいどのような違いに起因していたのだろうか。

これらのタンポポを見比べても、外見上の明瞭な違いは総苞の形だけである。だが、生態的な性質を比べてみると、さまざまな違い

シロバナタンポポ　東京でタンポポといえば黄色のイメージだが、場所によっては白花ばかりというところもある。シロバナタンポポは本州関東西部以西および四国、九州に分布する。日本のタンポポの中でも、シロバナタンポポの総苞片は少し反り返ったように外向きに開く。エゾタンポポとともに単為生殖をすることが知られている

アカミタンポポの綿毛　やはりヨーロッパ原産のアカミタンポポも、最近は都会周辺で増えている。花はセイヨウタンポポに似て総苞片が反り返り、実は赤茶色（セイヨウタンポポは黄褐色）。場所によっては、こちらの方が多い

セイヨウタンポポの綿毛　セイヨウタンポポのタネを数えてみると、およそ150〜200くらい。カントウタンポポは60〜90くらいだから、2倍以上多いことになる

がある。セイヨウタンポポは、

①春だけでなく、夏から冬も開花結実し、多数のタネをつける
②タネは在来種に比べて軽く、遠くまで飛ぶ
③タネの発芽温度域は幅広く、いつでも発芽できる
④成熟が早く、小さな個体でも開花する
⑤一年を通じて葉を広げ、光合成を行う

これらをまとめれば、空き地ができればたちまち芽生え、すぐ育ってたくさんのタネを広く飛ばすということになる。

さらに、染色体数や生殖上でも大きな違いがあった。それは、

⑥染色体数の面で3倍体である
⑦単為生殖によってタネをつくる

ということである。

セイヨウタンポポは、3セットの染色体をもつ「**3倍体**」である。在来タンポポも含めて普通の生物は、父方と母方から1セットずつもらうので2セット、つまり「**2倍体**」である。それが3セットということになると、精細胞や卵をつくろうとしても、**減数分裂**がうまくできず、正常な花粉や卵（植物の場合は**胚珠**という）ができない。実際、セイヨウタンポポの花粉を顕微鏡で見ると、大きさはばらばら、形もいびつ。授精能力もない。

在来タンポポをはじめ、サクラもネコもイヌも人も、雌（雌しべ）がつくった卵細胞と雄（雄しべ）がつくった精細胞が合体してはじめて子どもができる。だが、3倍体は同じ方法では子をつくれない。それでも何とか子をつくるためにセイヨウタンポポが編み出した解決策、それが「**単為生殖**」（無配生殖、無融合生殖とも呼ぶ）である。

セイヨウタンポポとカントウタンポポの雑種と思われる個体　セイヨウタンポポと在来種は、片や3倍体、片や2倍体なので、まず交雑など起こるはずがないと思われてきた。ところが最近、両種の雑種と思われる個体が各地で見つかっている。セイヨウタンポポにごくまれに生じる正常な花粉がカントウタンポポの雌しべに届くと、両者の雑種個体が生まれてくるらしいのだ。ある研究者によれば、もしかしたら日本に入っているセイヨウタンポポは、ほとんどが在来種の血が混じった雑種かも……とも。この個体の総苞片は、両者の中間的な形態だ。東京・文京区にて

単為生殖とは、「雌が雄と関係することなく単独で子をなすこと」をいう。動物でも、昆虫のアリマキやナナフシは単為生殖を行うことが知られている。

セイヨウタンポポは、雌しべの体細胞が減数分裂や受精という過程を経ず、そのまま育って種子になるのだ。性という生物の基本路線をまるで無視して、単独で子をつくってしまうのである。じつにお手軽な子づくりである。結婚相手の存在も必要なければ、子宝をもたらすコウノトリ（虫）もいらない。たった1人からでも、どんどん子を生んで増えることができるのだ。緑が乏しく、結婚相手も虫も身近にいない都会で暮らすには願ってもない利点である。

それだけではない。理論上も単為生殖には大きな利点がある。増殖スピードが、性を介する通常の生殖（**有性生殖**）に比べ、2倍の速さになるのだ。

こう考えれば直感的に理解できよう。雄と雌が交配して子をなす有性生殖では、雌は生涯に2匹以上の子を産まないと次世代以降の頭数を維持できないはずである。生まれてくる子の半分は、子を産めない雄だからだ（人間も同様だ）。ところが単為生殖をする場合は、生まれてくる子もすべて子を産める雌なので、雌は1匹の子を産めば次世代以降も頭数が維持できることになる。

つまり、数を増やすという点で見れば、単為生殖の方が2倍、有利なのだ。生まれてくる子の性質に違いがないならば、単為生殖をするセイヨウタンポポは、有性生殖をする在来タンポポなど、たちまち蹴散らしてしまうはずなのだ。

単為生殖によってつくられた種子やそれが育った娘植物は、完全に親と同一な遺伝子をもつ。つまり「**クローン**」である。親とルックスも性質も同じだから、親が成功した場所

赤の女王仮説　単為生殖のアキレス腱

子づくりに伴う面倒がいっさいいらない単為生殖。しかも増殖するスピードは、有性生殖の2倍ときている。じつに手軽で、なんだかいいこと尽くめのように思える単為生殖だが、もちろんそうは問屋が卸すはずもなく、単為生殖にもアキレス腱はある。

すべての個体が同じ遺伝子を持つクローンであるということは、もし病気が流行した場合にはこぞって抵抗力を持たないということでもある。当然、全滅の危険性も非常に高い。

減数分裂や受精を経る「性」という仕組みは、別の言い方をすれば、雄と雌の遺伝子をランダムに混ぜ合わせる過程である。

植物や動物は、世代時間が長くて変化に時間がかかるのに加え、細菌やウイルスと違ってＤＮＡ配列の複製エラーを修復する機構が発達しているために遺伝子自体も突然変異を起こしにくい。もちろんこのことは優秀な子孫を残すには好都合なのだが、一方、病原体への対抗進化という面では、どうしてもスピードの遅れにつながってしまう。突然変異だけではとうてい病原体の攻撃に対処しきれないのである。

ものすごいスピードで突然変異を繰り返して攻撃してくる細菌やウイルスなどの病原体に対し、長い進化の時間を通じて抗い続けるためには、植物も動物も、遺伝子の組み合わせを生殖を介して自在に変え続けることによって、抵抗性に変異をもたせる必要があったと考えられるのである。

こうした「病原体への対抗進化」こそが「性」の進化を促した最大の理由であるという学説（『鏡の国のアリス』の一節から「**赤の女王仮説**」と呼ばれている）は、いまでは研究者の間に広く受け入れられている。

「ここではだね、同じ場所にとどまるだけで、もう必死に走らなきゃならないんだよ。そしてどっかよそに行くつもりなら、せめてその倍の早さで走らないとね！」（『鏡の国のアリス』ルイス・キャロル著・山形浩生訳）

赤の女王の台詞である。倍のスピードで増殖を続ける単為生殖生物に対し、有性生殖生物が進化という生き残りレースで互角に競い続けるためには、どこかに倍以上のメリットがなくてはならないのである。

ドクダミも日本のものは3倍体で、やはり単為生殖を行うことが知られている。ただし、3倍体の植物がすべて単為生殖を行うわけではない。たとえば日本ではヒガンバナやニホンスイセンやシャガもすべて3倍体からなるが、いずれも花が咲いても実を結ばない。その代わり、これらの植物は球根や地下茎で**栄養繁殖**を行うことによって、クローンを増やしている。

ショウジョウバカマ　ユリ科の多年草。花は早春に咲き、赤紫で美しい。実やタネもできるが、それ以外に葉の先端に小さな芽ができ、これが根を下ろして増える。葉先から生まれた子は完全なクローン、つまり有性生殖とクローンの両刀づかいだ。もしもこれが人間なら、指先がちぎれて、子どもが生まれるようなもの。なんとも植物は不思議議である。クローンのつくり方は植物によってさまざま、球根の分球、**むかご**、地下茎、**走出枝（ストロン）**などによっても、クローン個体が生まれる

で育つ子どもにも同様の成功が約束される。芸能界に二世がはびこるのと同じ原理か。

『西遊記』の孫悟空は、毛を抜いてはふっと吹いて、自分の分身を出した。セイヨウタンポポもクローン種子を飛ばして分身を無数に増やし、都会に進出したのである。

一方、在来タンポポは、虫が別の株の花粉を運んできてくれないと結実できない。そのため、都市化が進んで緑地面積が小さく分断され、結婚相手も「コウノトリ」も少なくなると、残された株の結実率も下がり、急速に数を減らしていった。

在来タンポポの真の敵

在来タンポポとセイヨウタンポポの交替現象は、両者が存続をかけて戦った末に在来タンポポが負けたかのように説明されることがある。かくいう私も「タンポポ合戦」と書いた。だが本当のところは、在来タンポポはセイヨウタンポポとの直接対決に敗れたというよりは、都市化という環境変化の波、いいかえれば時代の波に負けたといった方がよい。

自然度の高い里山や川の土手、緑の多い公園（たとえば小石川植物園や京都府立植物園）などでは、いまなお在来タンポポが健在だ。こういう場所には、広々とした草地が長年にわたって、人の手が適度に加えられることによって維持されている。しかも、夏になれば木々や草むらが繁って地面に光が届きにくくなるような環境である。

在来タンポポには、夏になると葉を自ら枯らす（**夏眠**する）性質がある。夏場に陰になるような草地（つまり自然度の高い環境）では、これは葉の呼吸によるむだなエネルギー消費を抑えることになり、有利に働く。冬から春に十分な光さえ得られれば、夏は草葉の陰でも生活できるというわけだ。

夏眠をしないセイヨウタンポポは、一年中かんかん照りが続くコンクリートやアスファルトの空間では有利だが、自然度が高くなると日が当たらない葉の夏季の呼吸消費がかさんで逆に弱ってしまうのである。

さて、あなたのまわりでいま咲いているタンポポは、どっち……？　都市の広がりとともに勢力を広げるセイヨウタンポポ？　それとも人と自然の調和の中で生きてきた在来タンポポ？　そして未来の子どもたちは、どちらの花を見て育つことになるのだろう……？

その鍵を握っているのは、自然の大切さに気づきはじめた私たち自身である。

タンポポ鼓のつくり方

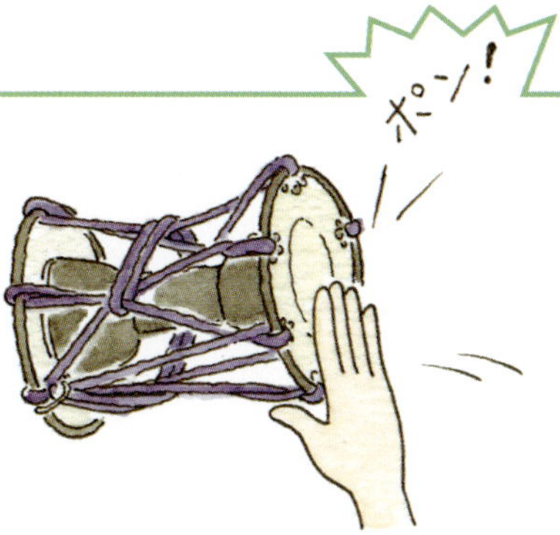
ポン!

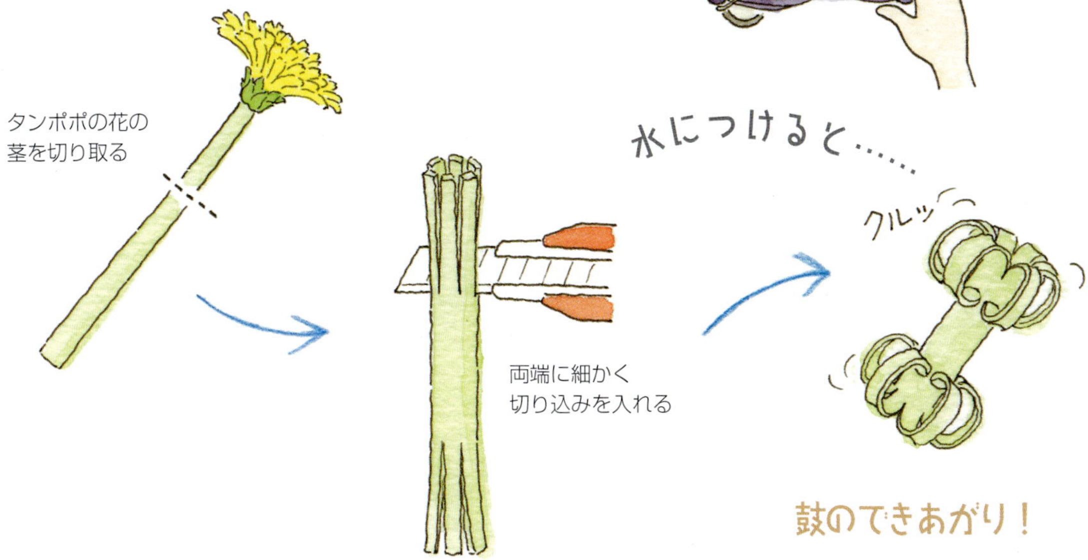
タンポポの花の
茎を切り取る
両端に細かく
切り込みを入れる
水につけると……
クルッ

鼓のできあがり!

水車にもなるよ!

セイヨウタンポポ　コンクリートのすき間からもたくましく咲き出る。ヨーロッパや北海道の牧場で一面に咲いているのもこの種類だ

テイカカズラの実　野山に自生するキョウチクトウ科のつる性常緑樹で、壁面緑化やカバープランツの用途で栽培もされる。夏に咲く花は香り高い。長さ10cmほどの実は晩秋に裂け、輝く長い絹毛をつけたタネが風にふわりと舞う

風に舞うタネたち

ノゲシ　ノゲシの冠毛はふわふわ綿毛。耳かき棒の綿毛を、私はつい思い浮かべてしまう

上：オニアザミのタネ　アザミの仲間も冠毛を持つ。豪壮な姿に見合って、冠毛も同じキク科のタンポポに比べると骨太の感がある。小石川植物園にて

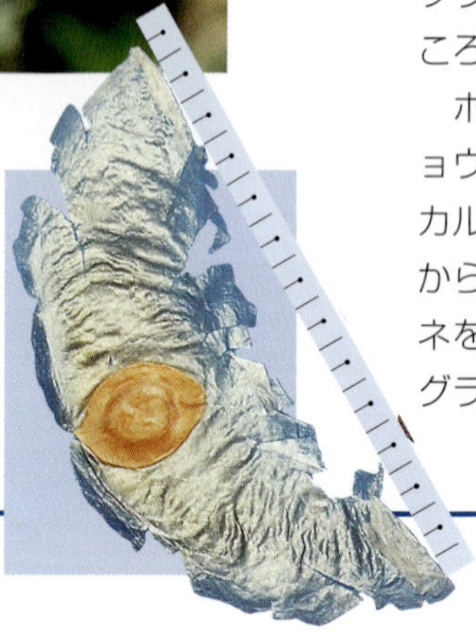

右：ヒョウタンカズラのタネ　長さ12.5cm。グライダーのように滑空し、100m以上も飛んでいく

タンポポのタネは綿毛のパラシュートを広げ、風に乗って運ばれる。このように、風に乗って散布される実や種子のことを、**風散布**種子と呼ぶ。

風散布種子の「道具」はさまざまだ。タンポポやノゲシ、ガマ、ガガイモ、テイカカズラ、クレマチスのように、綿毛をパラシュート代わりにふわふわと空を漂うもの。

カエデ類のように実にプロペラ状の翼をつけたり、アキニレのようにうちわ状の翼をつけたりしてくるくる回転しながら飛ぶもの。フウセンカズラのように実を膨らませて風にころころ転がるもの……。

ボルネオの密林に生えるつる植物の一種ヒョウタンカズラ（学名アルソミトラ・マクロカルパ）は、ヘルメットの形をした実の底面から、１枚また１枚とブーメラン型の薄いタネを落として滑空させる。タネの翼は精巧なグライダーの役割を果たし、水平距離にして

風散布種子クイズ

都会でも、意外に身近なところで採集できる風に乗って飛ぶタネたち。どれが何のタネかわかるかな？
（解答は欄外に）

100m以上も滑空可能だという。

熱帯材としておなじみのラワンの木は、丸くて堅い実に長さ30cmにも及ぶ2枚のプロペラをつけた。樹高60mもの高みから実が落ちるときに、これが回転翼となり、風が吹いていれば重たい実も、ヘリコプターのようにくるくると回りながら遠くまで飛んでいくことができる。

私たちの身近にも道具を工夫している植物がいる。ケヤキは落葉の時期を迎えても、実がつく枝だけは葉が散らず、必ず葉と実のついたまま小枝ごと散る。そして葉を翼代わりにしてくるくる回転しながら木枯らしに舞う。

アオギリは、実の皮が5つに裂けてボート状になり、縁に丸い実を数個ころんと乗せている。風が吹けばボートは枝からちぎれ、くるくると回りながら親木を離れて、乗組員たちをそっと地面に降ろしてくれるのだ。

ヤナギランのタネ　夏にはピンクの花があふれていた山の草原も、初霜が降りる季節には一面の銀の綿毛におおわれる。ヤナギランのタネは柔らかな絹毛をまとい、熟して裂けた実からふわりと姿を見せる。一陣の風が吹きすぎると、一斉に飛び立つタネの綿毛が日光にきらきらと輝き、それは美しい眺めだ。ヤナギランの英名はファイアウィード。火事跡に真っ先に生えるという意味である

答え：❶トウカエデ ❷ニワウルシ ❸アキニレ ❹アオギリ ❺クレマチス ❻ケヤキ ❼フウセンカズラ

植物だけ保護してもダメ！

サクラソウの教え

Primula sieboldii

かつては川原一面に咲き
江戸時代には大流行したサクラソウ
日本在来のこの花も、自生地は消えつつあり
保護されているはずの自生地でさえ
種子が実らなくなっている……
可憐な花の周辺で、何が起きているのか？

サクラソウの危機

埼玉県さいたま市田島ヶ原。荒川の河川敷に広がる公園の一角の湿原に、国の特別天然記念物として保護されているサクラソウの自生地がある。４月中旬、湿原はピンクの濃淡に彩られる。

可憐な花である。花びらの先が割れて桜の花を思わせるのが名の由来。かつては墨田川や荒川のほとり一面に群れ咲き、花の時期には江戸市中の人々が遠足がてらに赴き、野辺の花見を楽しんだという。

江戸時代には栽培も流行した。人々は変わり咲きの花を野に探し、また品種間の交配を重ねることによって、数多くの品種を競ってつくり出した。しかし華やかで育てやすい外来の園芸植物が続々と入ってくると、在来のサクラソウ（**外来種**と区別して日本サクラソウと呼ぶこともある）を栽培する人は少なくなった。

野生のサクラソウは昭和中期頃までは日本各地で普通に見られたが、河川改修や開発が進むにつれて自生地は急速に狭められた。その貴重な自生地でも、園芸目的の乱獲もあって個体数は激減している。

田島ヶ原の保護区も安泰とはいえない。花は多数咲くものの結実率は低く、群落を維持するのに十分な種子が供給されていないからである。**多年草**とはいえ、このままでは個体数は年々減少していく一方である。

＊本文中の太字の用語については、巻末の「エライオソーム用語解説」に詳細な説明を付しました。

サクラソウ　サクラソウ科の多年草。昔は身近な春の花だったが、いまでは環境省レッドデータの危急種にリストアップされている。
さいたま市田島ヶ原にて
1997年4月10日撮影

園芸種プリムラ ポリアンサの花の断面　左がスラム型、右がピン型。雌しべの長さと雄しべの位置が違う

花に2型があるわけは？

サクラソウは、サクラソウ科サクラソウ（プリムラ）属の多年草で、地下茎で株が分かれて広がる。花の色や花びらの形は株によって微妙に違うので、株が広がっていても、どこからどこまでが一個体なのかをおおよそ見てとることができる。

サクラソウをはじめ、この属の花には特殊な仕組みがある。花の仕組みを、花が大きな外来の園芸種プリムラ ポリアンサで見てみよう。花を上からのぞいたとき、株によって、花筒の真ん中に丸く雌しべの頭が見えている花と、花筒の外縁にぎざぎざした雄しべの縁取りがある花があることに気づくはずだ。

花を切って広げてみると、前者は、雌しべが長くて雄しべが筒の中間に隠れているタイプで、これを「**ピン型**」または「長花柱花」という。後者は、雄しべが筒の上縁にあって雌しべが短く隠れているタイプで、これを「**スラム型**」または「短花柱花」という。

サクラソウ属の仲間は、どれも「異型花柱性」をもち、「**2型花**」をつける。園芸種のプリムラ ジュリアンにも、プリムラ メラコイデスやプリムラ オブコニカにも、そしてもちろん日本のサクラソウにも、ピン型の花とスラム型の花がある。

でも、花になぜ、2型があるのだろう。

どちらの型になるかは、株ごとに遺伝的に決まっている。そして、どちらの花も、自分

園芸種プリムラ メラコイデスの花（左がピン型、右がスラム型）
中国原産の園芸種で、鉢植えに人気がある。花は小型だが間近でよく見ると、この花にも2型があることがわかる。真ん中に雌しべが虫ピンのように見える花（ピン型）と、縁に雄しべがぎざぎざに見える花（スラム型）がある。ピンは虫ピン、スラムは布の織り端の意。花の色と型の間に相関はない。サクラソウの仲間のプリムラ類の花には、ほとんどこの2型がある

とは違う型の花と花粉を交換しないと結実できない。同じ型の花粉が雌しべについても、一種の自己認識機構が働いて、精細胞を卵に送り込む通路となる**花粉管**が伸びず、受精に至らないのだ。

これは**自殖**（じしょく）（自分の花粉で受粉すること）を避ける機構である。自殖は虚弱な子を生みやすく、また続ければ遺伝的に均質な集団になり、環境変化や病気で全滅する危険を招きかねない。

そもそも生物全般に見られる「性」も、自殖を避けるために進化してきた仕組みといえる。しかし植物の場合は、同一個体の中に雌雄の機能を合わせ持つため、自殖の可能性と常に隣り合う。そこでサクラソウ属の植物は、花の２型といういわば独自の「性」を開発して、巧妙に自殖を避けているのである。

田島ヶ原の謎

話を田島ヶ原にもどそう。なぜ、田島ヶ原では種子が実らないのだろうか。

野生のサクラソウの花粉を運ぶキューピットは**マルハナバチ**だ。サクラソウの花筒の長さは、マルハナバチの口（正確には中舌という。普段はしまっているが、蜜を吸うときに長く伸びる）の長さにぴったり合っている。この丸っこいむく毛のハチが花の筒に口を差し込んで蜜を吸うとき、口に花粉が付着する。

しかし、ピン型とスラム型では花粉のつく位置が違う。そして一方の雄しべの位置はも

サクラソウで当てっこしてみよう！

どっちがどっちかわかるかな？

虫ピンの頭が見えるよ

雄しべのぎざぎざが見えるかな？

答え：左がピン型、右がスラム型

う一方の雌しべの位置にぴたりと合致するのである。サクラソウの花はこうして花粉をハチの口の異なる部位に付着させ、的確に意中の相手に届けてきた。

ところが、人間の大繁殖が花のもくろみを狂わせた。自生地周辺の開発や農薬散布により、マルハナバチが姿を消し、花粉の交換が途絶えてしまったのだ。想定外の緊急事態。これが田島ヶ原で結実率が低下した原因だった。

スラム型
ピン型の花の花粉を受粉し、同時に花粉がハチの口の基部につく
往ったり来たりして花粉を運ぶ
ピン型
スラム型の花の花粉を受粉し、同時に花粉がハチの口の先につく

では、どうすればサクラソウの生活を守れるのだろうか。サクラソウの繁殖にはマルハナバチの存在が必要だ。そしてマルハナバチが生活していくためには、巣づくりに借用するノネズミの古巣や、春から秋までリレーの

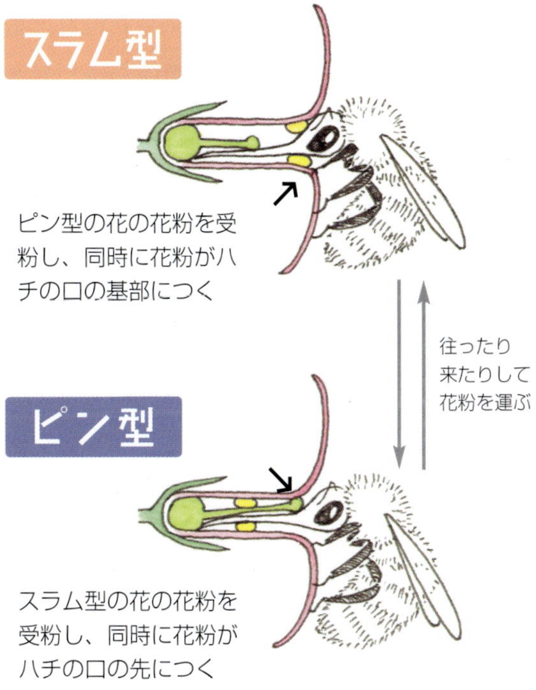

ユキワリコザクラ　サクラソウの属名のプリムラは「最初」という意味。高山植物のユキワリコザクラも、雪の消え残る斜面に真っ先に芽吹き、愛らしい小ぶりの花を咲かせる

ヒナザクラ　日本産サクラソウ属は14種。ピンクの美花が多い中で、ヒナザクラの花は白く、径1cmと小柄。東北地方の多雪帯に分布し、夏の亜高山湿原にひっそりと咲く

ように咲きつないで食糧の蜜や花粉を供給する花々（それもマルハナバチの体格や好みや行動に花の大きさや色や形を合わせて共に生きてきた、昔ながらの野の花々）の存在が不可欠なのだ。

また川の氾濫によって維持されてきた湿原も、堤防が整備された現在は、放置すれば背の高い植物が侵入してサクラソウを覆ってしまう。セイタカアワダチソウやオオブタクサなど、新しい外来植物も侵入してくる。だから野焼きや除草などといった人為的介入も必要だ。

サクラソウに限らない。なにかの植物を絶滅から救おうとするのなら、単にその自生地を柵で囲って保護すればいいというわけではない。その植物が生きていく過程でどのようにほかの植物や動物と関わるのかを知ったうえで、それらを含めた生育環境全体を守る（守るべき環境がすでに失われているのなら、人間が手を加えたり、再構築する）ことが必要なのだ。

美しい園芸種のプリムラは、２型花という花の仕組みに野生時代の痕跡をかすかに残し、人に飼われて咲く。かつては存在していたはずの虫や動物とのつながりも、とうに断ち切られて久しい。

だが、サクラソウは野生の花だ。これからもずっと野で生き続けていてほしい。その未来は虫や動物や花、そして私たち自身の明るい未来ともつながるはずなのだから。

ハクサンコザクラ　日本中部の高山の雪渓近くに咲くサクラソウの仲間。人の手が届かない雲上の楽園では、花は虫たちと共存して健全な生活を送っている。北アルプス・雪倉岳にて

長・中・短の3型花

盆花として親しまれるミソハギ（ミソハギ科）も、株によって雄しべと雌しべの位置が異なる花をつける。この花の場合は、雄しべと雌しべの長さが長、中、短とあり、その組み合わせによって3つの型がある。

サクラソウのように2型花を持つ例としては、ほかにソバ（タデ科）や水生多年草のアサザ、ミツガシワ（いずれもミツガシワ科）などがある。

ミソハギ

工夫と裏技を駆使する

スミレの繁殖大作戦

Viola spp.

日本には50種以上のスミレが自生し、
秘かに一大王国を築いているらしい。
ハチのためには体型を変え、
アリのためにはオプションを用意、
果ては自力でも大奮闘！
その巧緻を極めた繁殖技をのぞいてみると……

一口にスミレといっても

春は目まぐるしい。日ごとに花は移り変わり、木々の緑は濃さを増す。光輝く春の日は、小鳥のさえずりに耳を傾けながら緑の中を歩いてみたい。愛らしいスミレの花も、きっと足元で微笑みかけてくれるはず。

日本産のスミレ属はおよそ50種、変種まで含めれば100種以上に及ぶ。単にスミレという名の種類もあるため、スミレというと、スミレの仲間全体を指す場合と単一の種類を指す場合とがあって、まぎらわしい。そこで、単一種としてのスミレを指すときに限って学名のマンジュリカで呼ぶ人もいる。

「すみれ色」といえば濃い紫色を指すが、実際の花色はかなりバラエティーに富む。都会の公園や近郊の野山でも、イメージどおりの紫色をしたスミレ（マンジュリカ）やヒメスミレ、藤色のタチツボスミレ、紅紫色のシハイスミレ、白いニョイスミレ（別名ツボスミレ）やマルバスミレ、淡いピンクのエイザンスミレなどを見ることができる。黄色い花もある。夏山で出会うオオバキスミレやキバナノコマノツメなどだ。

生活場所にもバラエティーがある。明るい野辺に限らず、林の中、湿地、海岸砂丘、高山の岩礫（がんれき）地など、種類によってずいぶん違う。全体の形を見ても、茎がごく短くて葉や花が根元から出るタイプ（マンジュリカやノジスミレなど）と、花後に茎が高く伸びるタイプ

＊本文中の太字の用語については、巻末の「エライオソーム用語解説」に詳細な説明を付しました。

エイザンスミレ　山の杉林などでよく見る美しいスミレ。細かく裂けた葉が特徴。花は白からピンク

マルバスミレ　近郊の丘陵地でよく見る。花は白く、花びらも円い感じ

スミレ　濃い紫色が美しい典型的なスミレ。学名から「マンジュリカ」とも呼ぶ。明るい野辺に多い

サクラスミレ　落葉樹林の下に咲く。花は直径2.5～3cmもあり、日本の野生スミレの中で一番大きい。花びらの先端がへこんで、桜の花びらを思わせる

キバナノコマノツメ　高山性のスミレ。夏の北アルプスに登ったら、岩のすき間からこの花が微笑みかけていた。葉が馬蹄形をしていることからこの名がある。夏山で出会う黄色い花のスミレには、ほかにタカネスミレ、オオバキスミレがある

アケボノスミレ　山の落葉樹林で、春早く、あけぼの色の花を咲かせる。花と同時に出る葉の巻き方に特徴がある

コケスミレ　こちらは日本最小のスミレ。屋久島の特産で、ニョイスミレが小型化したものと考えられている。花も径5～8mmとごく小さい。まるでコケのように小さな葉を湿った地面にへばりつかせていた。屋久島・花江河にて

パンジー　これもスミレの仲間。ヨーロッパの野生種を改良してつくられた。わが家のプランターにて

パンジーとコマルハナバチ
パンジーは距の中の蜜で誘って、花粉を運ばせる。目覚めたばかりのコマルハナバチの女王が訪れたが、まだ眠たいのか、動きが鈍い

スミレの群生　タチツボスミレ、ニオイタチツボスミレ、マルバスミレ。東京・町田市

ビオラ ソロリア　別名アメリカスミレサイシン。俗にワサビスミレとも。園芸用に導入されたが、いまでは都市周辺で野生化している

パピリオスミレ　ビオラ ソロリアの園芸品種で、花が大きい。上の写真のソロリアとともに、わが家の庭に増殖している

（タチツボスミレやニョイスミレなど）がある。

スミレの仲間は、さまざまな環境に適応して、多種多様に進化してきたグループなのだ。

花壇を彩るパンジーやビオラも同属で、ヨーロッパに分布する数種の野生スミレを改良してつくられた。北米原産で茎がワサビ状になるパピリオスミレとビオラ ソロリアも栽培され、市街地周辺では野生化もしている。

どこまで伸ばす長～い鼻

スミレ類の花の特徴は、左右相称をなす5枚の花びらと、後方に長く突き出た筒状の「距（きょ）」。力学的に見れば、距は横向きにつり下がる花が前後にバランスを保つためのおもりでもある。

距には雄しべの一部が入り込み、蜜をため

We are steady!

ナガハシスミレ　日本海側に分布する。タチツボスミレに似ているが、距が著しく長い。テングの鼻のようなので、テングスミレの別名も

ビロードツリアブ　アブの仲間。春早く活動し、長く細い口が特徴。ホバリング（停空飛翔）していると、見えない糸で空中に吊られているように見える

る。花にはハチの仲間が訪れて、口を距に差し込んで蜜を吸う。このとき、距の入り口付近で待ち受けている雄しべや雌しべが口に触れて、ハチは花粉を運ぶことになる。パンジーやビオラの花も、裏返してよく見ると、親指の形をした太く短い距がある。

距の長さは、タチツボスミレで６～８mm、ほかの種類もほぼ似たような長さである。ところが、日本海側の山に生えるナガハシスミレの距は、なんと１～2.5cmもある。まるで天狗の鼻のようなので、別名テングスミレという。よほど口の長い昆虫でないと、ナガハシスミレの花の蜜は吸えないはずだ。実際、この花を訪れるのは、昆虫の中でもとりわけ長い口を持つビロードツリアブである。

スミレ類のほかにも、距はさまざまな花に見られる。インパチエンスやヒエンソウの花にもある。ラン科でも、サギソウやフウラン、ウチョウランなどには細長い距がある。自然界で、これらの花を訪れて蜜を吸うのは、長いストロー状の口を持つチョウやガ、ツリアブ、あるいは舌を長く伸ばすことができる**マルハナバチ**の仲間である。

マダガスカルには距の長さがじつに30cm（！）を超す野生ラン（次ページ写真）がある。たった１種類のスズメガだけが、この花の蜜を吸うことができる。そして、そのスズメガの口の長さは、花の距の長さと完全に合致しているのである！

口が距より短ければ、虫は蜜に届かない。虫の口の方が長ければ、虫は雄しべや雌しべに触れることなく蜜を吸ってしまうから、花は花粉をうまく運ばせられない。虫はより多くの蜜を吸おうと口を長くする方向に進化

果てしなき ランナウェイ

虫の口が短いと
ちょっとしか
虫は蜜が吸えない

↓

もっと最後の1滴
まで蜜を吸おうと
虫の口が伸びる

↓

虫の口が
さらに伸びると
花は蜜だけ取られ
花粉を運んで
もらえない

↓

花の距が伸びる
虫はちょっとしか
蜜が吸えない

↓

最初にもどる

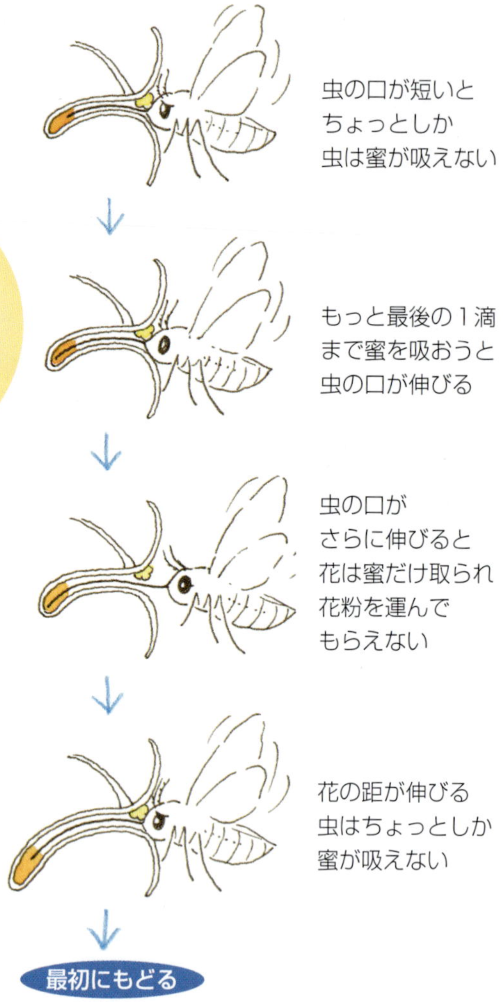

し、植物は虫の口の長さに応じてさらに距の長さを伸ばす方向に進化する。

その結果、前記のランのように、植物と花粉を運ぶ昆虫の間で「長くする」競争が限りなくエスカレートしてしまうことがある。そんな進化のしかたを、走り出したら止まらないという意味で**ランナウェイ**と呼んでいる。

ナガハシスミレの場合、まだそんな泥沼状態にまでは至っていないようだ。でも今後、さらに特定の相手との結びつきが深まれば、「鼻」がどんどん長〜く伸び〜る、という可能性だってあるのだ。

距の長いラン マダガスカルの熱帯雨林に自生する着生ランの一種アングレクム セスキペダレ。距の長さは30cmを超す。この花の蜜を吸えるのは、たった1種類、昆虫類で世界最長の口を持つキサントパンスズメガだけ。花と、花の蜜を吸う蛾との間で、1対1の特殊化が極限まで進んだ例である。こうなるともう、進化の泥沼だ。どちらか一方が滅びれば、もう一方も滅びるしかない

タチツボスミレ　最も普通に見るスミレ。都会の公園でもよく見かける。花は藤色。花後に茎が立つ。小石川植物園にて

タチツボスミレの閉鎖花と実

閉鎖花の中では……

雄しべの葯の中から花粉管が雌しべの中にある胚珠に達して、受精！

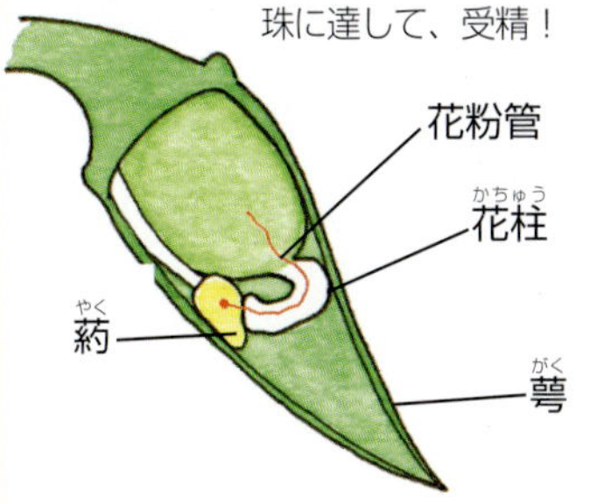

咲かないつぼみの謎

初夏、花を終えたスミレに、また小さなつぼみが出ることがある。楽しみに待っていても咲かぬまま実になって、あれ？　と首をかしげる。そんな経験はないだろうか。

このつぼみの正体は、花びらが退化した「**閉鎖花**」である。つぼみの形に閉じたままの花の中で、なんと、雄しべの花粉から伸びた**花粉管**は**葯**（花粉を入れている袋のこと）の壁を貫き、直接雌しべの中にある**胚珠**（卵細胞、つまりタネのもと）に到達して受精する。実を結ぶ率もほぼ100％と、普通の花（閉鎖花に対して**開放花**と呼ぶ）に比べて桁違いに高い。

つかの間の春に咲き、虫に花粉を運んでもらわねばならない開放花は、結実率も低い。対照的に、閉鎖花は秋遅くまで次々につくられ、確実に大量の種子をつくり出す。

閉鎖花は経済的にも「安上がり」である。虫を誘うための美しい花びらや甘い蜜も、閉鎖花にはつくる必要がないからだ。閉鎖花は、花粉を運ぶ手間も設備投資のコストもいっさい省いて最大の種子生産をめざす、営利主義の花といえよう。

スミレの仲間はたいてい閉鎖花をつける。スミレ以外でも、ホトケノザ、キキョウソウ、ミゾソバ、ヤナギタデ、ヤブマメ、センボンヤリなどさまざまな分類群にわたって閉鎖花の存在が知られている。閉鎖花は、確実に子

ビオラのタネまき？

ビオラのタネまき連続写真　プランターに植えたビオラに実が熟した。朝、40個ほどあった種子は、時間が経つに連れてひとつまたひとつと弾け飛んだ。午後3時を回った頃に見ると、１粒だけが飛び損ねたのか、ぽつんと淋しく残っていた

孫を残すべく植物たちが編み出した、巧みな裏技なのである。

だが、いいこと尽くめでもない。閉鎖花の子づくりは、自らの花粉で受精するという、いわば極端な「近親結婚」なので、子孫に遺伝的な弊害が生じる可能性があるからだ。このマイナス面を補うためにこそ、スミレは手間やコストをかけてもなお、美しい花を咲かせ続けてきたのである。

勝手にタネまき

わが家のプランターに、今年もビオラが満開になった。ちょっと花殻摘みをさぼっていると、すぐに実が大きく育ってしまう。いまさら摘むのもかわいそうだし、そうだ、タネが飛び散るところを写真にとってみよう、というわけで、上の連続写真になった。

若い実ははじめ横を向いているが、熟してくると上を向く。そして晴れた日、実がぱっくりと３つに裂ける。裂けた実は、ちょうど３艘のボートの形になって水平に広がり、それぞれぎっしり満員のタネを乗せている(写真①)。

ところが、客はいつまでもボートに乗っていられるわけではない。太陽の光を浴びるうち、実の皮でできたボートは少しずつ乾いて縮み始め、船幅が徐々に狭まってくる。

じーっと見ていると、ぴんっ！　瞬間の早業で、タネが１粒、飛び出した。乾いてカヌーのように細くなったボートから、もはや定

おつかいアリさん♪

ホトケノザの種子にはスミレ同様、アリを惹きつける部分（エライオソーム）がある。庭のプランターの縁に種子を並べて置いたら、早速、アリが来て種子をくわえて運んでいった

ホトケノザの種子を買いに来たアリ。ただいま種子を吟味中……

選んだホトケノザの種子をくわえて、どっこいしょ、と運び始めるところ

員オーバーになったタネが、1人また1人と、船の外に弾き出されていくのだ。

小学5年生の娘と一緒に、どのくらい遠くまでタネが飛んだか、計ってみた。すると最大140cm。娘の身長をゆうに超えている。動けない小さな植物がこれだけ空間を移動できるとは、うーん、大したものだ。

運び屋はアリ、その報酬は？

アオイスミレなど一部の例外を除き、スミレの仲間はみなこうしてタネを飛ばす。開放花も閉鎖花も、実やタネの外見やタネを飛ばす仕組みは同じである。だが、驚くのはまだ早い。タネにはさらに巧妙な仕掛けが隠されている。

茶色いタネには、白くこんもりした「おへそ」がある。これは専門用語で「**エライオソーム**」とか「**種枕**」とか「**付属体**」などと呼び、形態学的にはタネが実にくっついていた柄の部分に当たるが、その目的は要するに商品にセットされた「おまけ」である。だれに何を売るための？　といわれればもちろん、アリに種子を「売る」ための。

スミレが用意した「おまけ」の主成分は、アリの好物である脂肪酸である。甘いエサに釣られて、アリはせっせとタネを巣へと運ぶ。苦労しながら、ときには数mも運ぶ。そして「おまけ」をかじりとると、残りの部分、つまりタネの本体を、巣の近くの柔らかな地面に捨ててくれるのだ。これぞスミレの思うつ

アオイスミレの花　ほかのスミレより一足早く、まだサクラのつぼみが堅いうちに草むらに埋もれてひっそりと咲く。花は小石川植物園

アオイスミレの実　ほかのスミレが咲き出す頃には、もう実を結ぶ。実は熟しても種子を飛ばさず、その場にほろほろと種子をこぼす。アリを惹きつけるエライオソームがとても大きく、種子はもっぱらアリによって運ばれる

ぼ。自力では動けないタネを、さらに遠くへと移動させることができたのだから。石垣のすき間によくスミレが芽を出すのは、こうしてアリがタネを運んだからである。

先ほど例外と書いたアオイスミレの場合、実は熟しても裂けず、その場にタネをこぼす。その代わり、日本のスミレの中で一番「おまけ」が大きい。自力で飛ばすのをやめて浮いた余剰資本を、すべて「おまけ」の充実に回したのかもしれない。

スミレと同じようにアリ向けの「おまけ」をつけたタネは、カタクリ、エンレイソウ、キケマン、クサノオウ、ホトケノザなど、幅広い分類群にわたって見られる。

その化学成分も、脂肪酸や糖など、さまざまだ。カタクリの「おまけ」は、その化学成分がアリの**フェロモン**（動物が自分の仲間に情報を伝えるために出す化学物質）に似ているともいい、アリはタネを幼虫かさなぎとまちがえて運んでいるという可能性もある。

これらの植物には、林の中や草の間に生えるという共通点がある。そうした場所は、風通しも見通しも悪く、植物は風にタネを飛ばしたり、鳥に食べてもらってタネを運ばせたりすることができない。そんな環境だからこそ、数が多く、どんなすき間にも目ざとく入り込んで、しかも働き者のアリを運び屋として利用する。なんと巧妙なことか！　いったい、こんなに複雑な仕掛けを、どうやって植物は生み出したのだろう!?

春を可憐に彩るスミレ。でも裏には、計算高くしたたかな顔もちらりと見える。愛らしい花の陰にも、生き残りをかけた闘いの歴史が隠されているのだ。

アリにタネを売る花たち

甘いエサをタネにつけて遠くまで運んでもらう植物たち。花もアリも、どっちもうれしい！？

カタクリ　ユリ科の球根植物。昔はこの球根から片栗粉をとった。いわゆる「春植物」のひとつで、早春の落葉樹林に群れ咲いたかと思うと、晩春には早々と地上部は朽ち果て、残されたタネもたちまちアリが運び去る

上：クサノオウ　日当たりのよい道端や草地に生えるケシ科の多年草。茎や葉を切ると黄色の乳液が出る。有毒植物であるが薬に用いられ、薬草の王様の意で「草の王」という説も

ホトケノザ　シソ科の一年草。明るい道端や畑などに群生する。花は長さ2cmほどだが、葉の間には花びらが退化した小さな閉鎖花（つぼみの中で同花受粉して実を結ぶ花）も同時につけている。どちらの花も同じ形の実を結び、熟すそばからタネをこぼすとすぐさまアリが運んで行く。なお、春の七草の「ほとけのざ」はこの植物ではなく、キク科のタビラコ（コオニタビラコ）を指す

左：ジロボウエンゴサク　ケシ科の多年草。漢方では根茎を乾燥させたものを延胡策（えんごさく）と呼び、鎮痛などに用いる。ジロボウは「次郎坊」で、花首をからませて引っ張り合う子どもの草相撲遊びにちなむ。スミレの花と対決させて遊んだので、スミレのことは「太郎坊」とも呼んだ

物理と化学を駆使したアメニティ・ライフ

カタバミのハイテク生活

Oxalis corniculata

路傍でけなげに、素朴に生きる
動くこともかなわぬ草たち……
いや、よくよく観察してみると
数々のオートセンサーを駆使した
人間の科学も及ばないほどの快適生活
これができたら、人間だって動かないかも

カタバミはハイテクの塊

「時間デス、イッテラッシャーイ！」。トークアラームに送られて家を出る。携帯電話から流れるはmy favorite song。取り出す電子手帳の電源は太陽電池の自動スイッチ。早足で歩きながらタッチペンでスケジュールを書き加える……精密なハイテク機器に囲まれて、時間軸すらも細分化される人間社会。足元で花をつけている小さな植物たちのことなど、だれも気にも留めようとしない。

しかし小さな草にも、高度なハイテク技術が搭載されている。道端や芝生に生える小さな雑草のカタバミも、ハイテクの塊だ。カタバミ科の**多年草**で、５～10月に径５cmほどの黄色い花を咲かせる。葉は３つのハートが集まった形で、家紋の「片喰紋」としてもおなじみだ。葉が緑のものをカタバミ、葉が赤みがかるものをアカカタバミ、中間色のものをウスアカカタバミと呼び分けることもあるが、同じ種類の中での個体差である。

光センサーで開閉調節

花は朝開き、午後に閉じる。薄暗い雨の日は一日中開かない。花にはどうやら「光センサー」が装備されているらしい。花は午前中に活動するハチの生活リズムに合わせて咲き、ハチが活動しない雨の日は閉じて花粉の流出を防ぐのである。

葉も夜に閉じる。３つのハートの合わせ目の部分に、水分量を調節できる組織があり、光の量でオンオフを操作する「自動開閉シス

＊本文中の太字の用語については、巻末の「エライオソーム用語解説」に詳細な説明を付しました。

カタバミの花と実

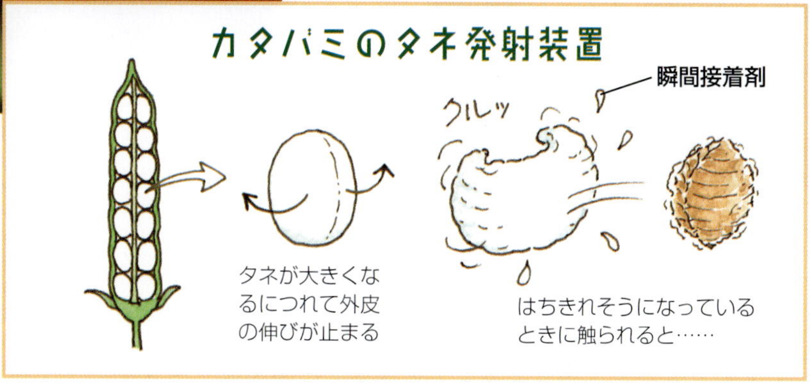

カタバミのタネ発射装置
瞬間接着剤
クルッ
タネが大きくなるにつれて外皮の伸びが止まる
はちきれそうになっているときに触られると……

テム」が働く。葉を立てることで夜間の**放射冷却**を防いで葉温を保ち、**生合成**効率を上げるのだ（62ページ参照）。

強光を浴びても葉は閉じる。葉温の上昇は急激な**蒸散**を促して水分を不足させ、また過度の強光は呼吸を促進させて**光合成**の効率を下げてしまう（光呼吸という）。葉は傘をすぼめたように閉じて受光量を減らし、蒸散と光合成を適正に調節する。カタバミの名も、葉が閉じると片側が欠けたように見えることから「片喰（かたばみ）」とついたのだという。

振動感知型タネ発射装置

長い花期の間、花は次々と咲いては実を結ぶ。実の形はロケットそっくりで、天に向かって屹立（きつりつ）する。実の中には小さなタネがたくさん詰め込まれており、そのひとつひとつに、振動感知型の炸裂（さくれつ）装置が装備されている。

タネはそれぞれ、白い袋に包まれて大きくなる。最初のうちこそ袋は中にタネと液体を入れたまま、風船のように大きくスムーズに膨らんでいくが、タネが大きくなるにつれ外側の細胞層の伸びは止まり、内側の細胞層だけがなおも伸び続けようとする。そして、タネが熟す頃には内側の細胞層は無理に押し縮められた状態となる。

そんな時期の実に触れる（振動を与える）と、とたんにピュピュッ、実の中からタネが飛び出してくる。タネのまわりの袋が内外の圧力差に耐えきれなくなり、振動をきっかけに瞬間的に破れて裏返ってしまう。中のタネは巻き添えを食い、実の裂け目から猛烈な勢いで

イモカタバミ　南米原産の園芸植物だが、ときに野生化している。ムラサキカタバミに似るが、株元は小さなサトイモ状で、花の中心は濃い赤紫色。花期は4〜9月。花は咲いても結実はしない

オオキバナカタバミ　南アフリカ原産で、世界各地で観賞用に栽培されると同時に野生化している。日本でも暖地の市街地や道端で見かける。葉に斑点があるのが特徴。春に花茎を立て、径4cmの黄花を咲かせる

ムラサキカタバミ　南米原産で、江戸時代に観賞用に輸入されたが、現在は関東以西に広く帰化している。花は径1.5cmで5〜10月に咲くが、結実せず、多数の小さな球根がこぼれて増える

飛び出してくるのだ。このとき、袋の中に充満していた透明な液体もタネとともに飛び出す。この液体はいわば「瞬間接着剤」。振動を与えた張本人の靴や足にタネを貼りつける。こうして、カタバミはタネを飛ばし、さらに人の移動力をも利用して生活圏を広げていく。

身を守るのは化学テク

ところで、カタバミは漢字で「酢漿草」とも書く。葉や茎を噛むと酸っぱい味がするからで、これは全体に酸の一種である**蓚酸**を含むことによる。蓚酸の英名もカタバミ属の学名から「Oxalic acid」という。

蓚酸はイタドリやスイバ、ギシギシ、ルバーブなどにも含まれている。これらの若芽には酸味があり、山菜として、またルバーブはジャムやゼリーの材料に使われるが、食べすぎは禁物である。というのも、蓚酸を含む植物を動物が多量に食べると結石を引き起こす可能性があるからだ。蓚酸には、体内のカルシウムイオンと結合してこれを不溶性の結晶にする働きがあるのだ。身を守るための、植物の化学兵器である。

ちなみに、ホウレンソウにも相当量の蓚酸が含まれている。だから、生のホウレンソウサラダは、たまに少しならいいだろうけど、毎日は食べないように。もっとも、茹でて煮汁を捨てれば、蓚酸はほとんど流出するので大丈夫だが。

昔の人は、蓚酸を含むカタバミの葉を、日常生活に活用した。葉を揉んだ汁で鉄製の鏡や真鍮のドアノブを磨いたのだ。試しに、ペンダントの鎖や10円玉を磨いてみるとよい。酸の作用でピッカピカになる。この汁は疥癬

オッタチカタバミ（上：花、下：実）　北米原産の帰化植物。第二次世界大戦後に駐留アメリカ軍の物資について侵入したといわれ、最近は東京の市街地でも見かけるようになった。在来種のカタバミによく似ているが、茎は立ち上がって高さ10〜50cmに達する。花や実や葉もカタバミにそっくりだが、実の柄の部分は斜め下向きになる

ミヤマカタバミ　山の林内に生え、早春3〜4月に咲く。花は径3〜4cmで白い。実は熟すと、カタバミ同様タネを飛ばす

木に育つカタバミの仲間　ゴレンシ（五連指）は高さ5〜10mの常緑樹で、原産地は東南アジア。実は5稜形で、確かにちょっとカタバミに似ている。でも弾けず、甘酸っぱい実を動物や鳥が食べてタネが運ばれる。スターフルーツとも呼ぶように、横に切ると星型になり、生食のほか料理の飾りにも用いる

にも効くという。

日本に自生するオキザリス属の仲間には、山で春早くに白や淡紅色の花を咲かせるミヤマカタバミやコミヤマカタバミなどがある。

また、南米原産のムラサキカタバミやイモカタバミのように、栽培品が逃げ出して道端や畑地に野生化し、いまでは嫌われ者の雑草と化したものもある。南米および南アフリカには花や葉が美しい種類があり、園芸植物として庭や鉢に植えられている。直根（ちょっこん）を伸ばすカタバミに対し、これらはいずれも球根をつくるが、蓚酸を含む点はカタバミ属全体に共通である。

木に育つカタバミ科植物もある。たとえば熱帯果実のゴレンシがそうだ。別名スターフルーツと呼ばれ、最近はスーパーでも見かけるようになった。星形の断面をした黄色い果実にはさわやかな酸味があるが、この成分も蓚酸。やはり食べすぎは禁物である。

植物のハイテクに学ぶこと

私たちを取り巻くハイテク技術の進歩はめざましい。ミクロにも、マクロにも、ひたすら膨大なエネルギーを消費しつつ進み続ける技術改革には、驚嘆の声を禁じ得ない。

だが一方で、たかが雑草とさげすまれるちっぽけな草ですら、その生活に目を向けてみれば、まだ人類の英知も技術も遠く及ばない、精巧なマイクロテクニックが詰まっている。副産物の騒音も排気ガスも水質汚染もつくらず、逆に光合成という生産過程において酸素を生み出し、空気を浄化しながら小さな体で巧みに生きる植物たちに、私たちは学ぶべき未来がたくさんありそうだ。

タネ飛ばしコンテスト

バクダンウリ

実が熟すと中に水がたまって圧力が増し、ついには中のタネもろとも実が軸を離れ、ジェット噴射のように水もろともタネを空に飛ばす

タネを飛ばす植物は、それぞれに巧みな工夫を持っている。大きく分けると、その原理は2通り。水の圧力を利用するタイプ（膨圧運動型）と、乾いて縮む力を利用するタイプ（乾湿運動型）である。

カタバミは前者の膨圧運動型。同じ原理でタネを飛ばす植物に、ホウセンカやツリフネソウの仲間がある。この仲間の属名インパチエンスは「耐えられない」の意味。実の分厚い皮は、熟すにつれて水を吸ってパンパンに膨らむが、このとき皮の内外で膨らみ方が逆転するため、熟すと実が「耐えられずに」瞬間的に裂け散り、勢いよくタネを飛ばす。バクダンウリはさらに大胆だ。

乾湿運動型の代表選手はゲンノショウコ。一見カタバミとよく似たロケット型の実は、熟して乾くと裂けて、瞬間的にくるんとまくれ上がり、砲丸投げの要領でタネをぽーんと投げ飛ばす。

フジやダイズ、カラスノエンドウなどマメ科の莢も、熟して乾くと2つに裂けてねじれ、その反動でタネを飛ばす。

このとき響くぱちんという音には鬼も驚いて逃げるというので、節分にはダイズがつきものになったとか。軒に吊すヒイラギの枝には、たいていダイズのはじけた莢も枝ごと結びつけてある。はじけてよじれた莢を霧吹きで湿らせると、見る見るうちに文字どおり、元の莢（！）にもどる。

タネをひとつずつぷちんぷちんとはじき飛ばすスミレも、やはり乾湿運動を応用している（30ページ参照）。

それぞれ独自のアイデアでタネを飛ばす植物たち。意表をつく着眼点から工夫を広げる彼らの姿は、まるでアイデアロボット・コンテストのようにおもしろい。

インパチエンス

和名はアフリカホウセンカで、一般にはインパチエンスという属名で呼んでいる。「耐えられない」という名のとおり、実の皮は熟すと水でぱんぱんに膨れ、ついに耐えられずに一瞬で裂け散り、巻き添えで中のタネを飛ばす。飛距離は最大約3m

ゲンノショウコ

下痢止め薬として煎じて飲めば、「現の証拠」に効くのが名の由来。里の道端などに生えている。実が熟して乾くと外側の皮がめくれ上がり、タネを弾き飛ばす。飛距離は約1m

フジ

園芸植物だが、野山にも自生するつる植物。垂れた実は秋に熟し、乾燥すると大きな音とともに2つに裂け、中のタネが弾き飛ばされる。高い木の上で弾けると飛距離が10mを超すこともある

ツルマメ

写真は弾けたあとの莢。ツルマメはダイズの野生種で、湿った野原によく見られる。確かに、莢も豆もごく小さいが、毛だらけのところは枝豆にそっくり。晩秋、晴れて乾いた日に莢は弾けて豆を飛ばす。飛距離は1～2m

性別をも超越するアウトサイダー

マムシグサの性遍歴（ヰタ・セクスアリス）

Arisaema japonicum

見るからに不穏なその姿には
たじろぎつつも心惹かれるものがある
あたかも差し招くがごとき仕草に
ふらふらと引き寄せられていけば
そこに待っているのは……

鎌首をもたげる花

風もさわやかな緑陰の休日。木漏れ日きらめく林の小径で、蛇が鎌首をもたげたような不思議な花に出会った。

その名もずばり、マムシグサ（蝮草）。テンナンショウ（天南星）とも呼ぶ、サトイモ科テンナンショウ属の**多年草**である。地下の芋からぬうっと立つ茎は、毒蛇のマムシそっくりのまだら模様。4～5月、ひんやりした感触をもつその茎の頂に、鎌首を思わせる花が咲く。

蛇の鎌首と見えるのは、**花序**を包む葉（**総苞**（そうほう））が変形したもので**仏炎苞**（ぶつえんほう）という。その内側には太い花軸が屹立しており、花軸の下部に集まってつく突起のひとつひとつが真の意味での花に相当する。花軸の上部は棍棒状に長く伸び、丸い先端が仏炎苞の鎌首からちらりとのぞく。この部分は**付属体**と呼ばれる。

日本に自生する同属植物はウラシマソウ、ムサシアブミ、ユキモチソウ、ミミガタテンナンショウなど、およそ30種類。仏炎苞や付属体の形は種類ごとに異なり、いずれも妖しく個性的だ。山草として栽培される種類もある。そのほとんどは**蓚酸**（しゅうさん）カルシウムや**サポニン**を含む有毒植物である。

仕掛けられた罠

マムシグサには雄と雌がある。つまり株によって、花がすべて雄花からなる雄株と、雌花だけの雌株に分かれている。実を結ぶのは当然、雌株だけ。雄株から雌株へと花粉が運ばれてはじめて結実に至るわけだが、その過程には恐ろしい花の謀略が隠されている。

＊本文中の太字の用語については、巻末の「エライオソーム用語解説」に詳細な説明を付しました。

マムシグサ　サトイモ科テンナンショウ属の多年草。林の地面からぬうっと伸びる茎にはマムシそっくりのまだら模様がある。新緑の頃、そのぬめりとした茎の先に、妖しい魅力を漂わせて花が咲く。1997年5月3日、伊豆半島

マムシグサの芽

雄株の花と脱出口　雄株の仏炎苞の基部にはすき間があり、小さな虫なら脱出できる。花粉をつけた虫が次に雌株へと飛べば花は目的を達成する

雌株の花の内部で死んでいた虫　さまざまな大きさのキノコバエ類が見つかった。キノコバエの仲間は同定が難しい

まず付属体は特殊な匂いを放つ。匂いに誘われて訪れるのはおもにキノコバエの仲間。腐りかけたキノコを食べて幼虫が育つ、小さな昆虫たちだ。花には蜜も用意されていない。キノコバエたちは、どうやら花をキノコとまちがえて交尾や産卵に集まってくるらしい。

花には罠が仕掛けられている。ふらふらと飛んできたキノコバエは、いつの間にか筒状になった仏炎苞の奥深く、突起状の花が集まった底の部分にまで滑り落ちてしまう。意外な展開に虫はあわてて脱出を試みるが、仏炎苞の内壁はつるつる滑って登れない。仏炎苞と花軸のすき間は狭すぎて飛び立つこともできない。中心にそびえる付属体を登ろうにも、中途にはオーバーハングになった「鼠返し」があり、これもよじ登れない。

それでも雄株に落ち込んだキノコバエは運がいい。出口を探して雄花の上を歩き回るうちに虫は花粉まみれになるが、雄株の仏炎苞の合わせ目には小さなすき間があり、ここからかろうじて脱出することができるからだ。

雄の花をようやく脱出してきたキノコバエは、しかし、学習することなく再び花の罠にはまる。今度は雌のマムシグサに落ちてしまった。仏炎苞の奥へと誘い込まれた虫は、今度は雌花の上を歩き回ることになる。花の計算どおり、体につけてきた花粉を雌しべにつけながら。そして、再び、脱出孔を探す。

しかし、雌の花には脱出孔がない！　仏炎苞の裾はぴっちりと固く合わせられていて、一分の隙もないのだ。哀れにも虫は、雌花の罠の中で力尽き、死んでいく。雌花の仏炎苞を開いてみると、こうして死んだ虫が何匹も残っている。

雄花は災難……

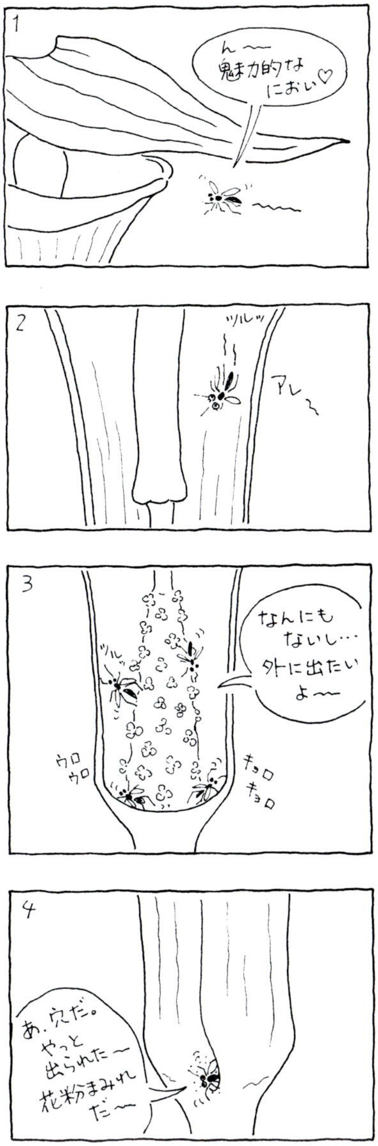
1
ん〜
魅力的な
におい♡
2
ツルッ
アレ〜
3
ツルッ
なんにも
ないし…
外に出たい
よ〜
ウロ
ウロ
キョロ
キョロ
4
あ、穴だ。
やっと
出られた〜
花粉まみれ
だ〜

鼠返し！

雄株の花の内部　雄株の仏炎苞の内部を見ると、花軸の基部に雄花が密集し、白い花粉がこぼれていた

雌花は地獄！

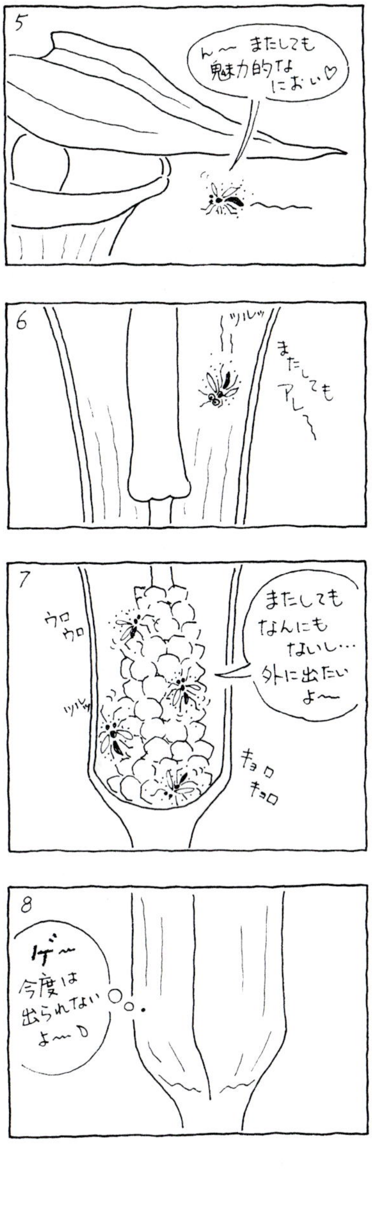
5
ん〜 またしても
魅力的な
におい♡
6
ツルッ
またしても
アレ〜
7
ウロ
ウロ
ツルッ
またしても
なんにも
ないし…
外に出たい
よ〜
キョロ
キョロ
8
ゲ〜
今度は
出られない
よ〜

雌株の花の内部　雌株は全体に雄株より大きめ。仏炎苞を切り開くと花軸の下部に多数の雌花がついている。個々の花には花びらもない。キノコバエ類の死体が2つ見える

食虫植物ウツボカズラの捕虫嚢 これって、マムシグサの花と似てると思わない？ マムシグサは食虫植物ではないが、虫を閉じこめて逃がさず、しかも雨水が中に入らないようにというウツボカズラと共通の目的のもとで、同じような形に収斂(しゅうれん)したのだ

マムシグサを、その印象から**食虫植物**だと思いこんでいる人もいるようだ。しかしそれは違う。虫の体を分解する酵素などは持っていないので、中で死んだ虫は植物に吸収されることもなくそのままひからびるだけである。

なぜ、雄株にだけ脱出口が設けられているのだろう。それは、体に花粉をつけた虫を雌株に向かわせることが、雄の花の目的だからだ。一方、雌株には虫を逃がす理由はない。雌株は虫を幽閉することによって花粉の最後の１粒まで獲得して、より多くの種子をつくろうとするのである。

秋、虫の命と引き換えに受粉した雌株に短いトウモロコシ状の実が真っ赤に熟す。マムシグサは今度はその色彩で鳥を誘う。ジョウビタキやヤマドリによって食べられた実とその種子は、彼らの消化管を経由して遠方に運ばれる。

雄から雌へと性転換！

ところで、マムシグサの「性」は、株が成長するにつれて変わる。

地下にある芋は年々成長して、株は大きく育っていく。ごく若いうちは葉を１枚だけ出して花をつけないが、ある程度育つと花をつけるようになる。最初につけるのは、雄花だ。若いマムシグサは花粉だけをつくり、もっぱら雄としてふるまう。しかし十分に大きく育つと、雌花を咲かせて実を結ぶようになる。つまり雄から雌へと「性転換」するのだ。

右：コンニャクの実　マムシグサは同じサトイモ科のコンニャクとは親戚関係にある。コンニャクの実もマムシグサに似た形でオレンジ色に熟す。どんな味かと一粒口に入れたら、ちょっぴり甘いと思ったのもつかの間、口の中がいがらっぽくなって、後が大変だった

左：マムシグサの実　実は秋、赤く熟す。薄暗い林の中で見つけたマムシグサ。ちょっと薄気味悪く思う人もいるかもしれない。この実も食べてみるといがらっぽい。鳥は丸のみするから平気なのだろうか。マムシグサにも、コンニャク芋に似たまんじゅう型の芋がある。マムシグサの芋は有毒だが、昔、飢饉の際には、ゆでこぼしたり長時間蒸したりして毒を抜き、臼に入れてよくつき、団子にして食べたそうだ

なぜ性を変えるのだろうか。しかもなぜ、雄から雌へ、なのだろうか。動植物を問わず、一般に雌という性は子や種子をつくることに伴う体力的な負担がとても大きく、母親は子づくりや子育てに多くのエネルギーを割いている。その代わり、母親から見れば、自分が生んだ子や種子は、必ず自分の遺伝子を受け継いでいるという確証がある。

一方、雄は一般に子づくりや子育てに費やすエネルギーが雌に比べて小さく、体力をあまり消耗しないですむ。しかし、雌が生んだ子が、本当に自分の遺伝子を受け継ぐ自分の子どもであるかというと、その確証はない。ことに風や虫に頼って花粉を送り出す植物の場合、その花粉が雌しべに届くかどうかは、まさに風まかせ、虫まかせなのだ。

より多くの子孫を残せる者だけが生存競争の勝者となる。それが生物界の掟である。

マムシグサがとった戦略は、体が小さいうちは体力的負担の軽い雄としてあわよくばと花粉をばらまき、体が大きく育てば雌に変わって今度は確実に自分の子をつくる、ということなのだ。

巧妙に誘惑の罠を仕掛けるマムシグサ。明るい色や甘い蜜といった花の常識も、虫との優しい相互報酬の関係も、そして性の常識すら、あっさり覆される。

哀れなキノコバエたちの末路に、悪徳の美に魅せられて身を滅ぼす人間の姿を重ね見た。

マムシの兄弟、それとも姉妹？

ウラシマソウ　テンナンショウ属には個性的な種類が多い。ウラシマソウは4月に咲き、暖地に多い。長く伸びて垂れた付属体が浦島太郎の釣り竿を思わせるのが名前の由来。糸状の付属体を伝ってキノコバエが中に誘い込まれると思われるのだが、実際の観察記録はほとんどない。マムシグサと同様に雌雄があり性転換するが、虫の来訪は少なく、結実率は低い

ウラシマソウの花の断面　この写真では、ウラシマソウの仏炎苞の前面を切除して撮影している。この花は、雄株。花軸の下方に、小さな雄花が集まって咲いている。付属体の先端が長く伸びるのが特徴

上：ホソバテンナンショウ　マムシグサより葉も付属体も細めだが、さまざまな中間型も見られ、広くマムシグサの一部に含める見解もある。分布域は関東〜近畿地方の太平洋側

上：ユキモチソウ　名は「雪餅草」で、お供え餅を思わせる付属体がおもしろい。おもに四国に産するが、山野草ブームで掘り取られ数が減った。残念だ

左：ユモトマムシグサ　名は、日光市湯元で最初に発見されたため。東北南部から関東、中部地方の山地に分布する。葉は5つに裂ける

上：ミミガタテンナンショウ　仏炎苞の一部が耳たぶの形に張り出す。東京近郊の低山ではマムシグサより早く、4月半ばに咲く。分布域は東北南部の太平洋側〜関東および四国の一部

変幻自在は伊達じゃない

アジサイの花色魔法

Hydrangea macrophylla

曇り空でも、雨の日でも、
ひときわ鮮やかな発色を見せるアジサイ
その花色は夢のように移ろいゆく……
ところがその美しさは、ただ美しいばかり
花粉もできない、実も結ばない
いったい何のための徒花（あだばな）なのか？

日本生まれの淑（しと）やかな花

空から静かに小糠雨（こぬかあめ）が降ってくる。水無月の庭に淡く濃く、水の色に染まって、アジサイが咲いた。

アジサイはユキノシタ科の落葉低木。伊豆半島や房総半島に自生するガクアジサイを改良してつくられた日本生まれの園芸植物である。江戸時代の長崎に滞在したシーボルトはこの花のしっとりした風情を愛し、学名（当時）にオタクサ（お滝さん）と日本人妻の名をつけた（*Hydrangea macrophylla* f. *otaksa*）。

シーボルトによってアジサイは欧州に紹介され、やがて数々の華やかな園芸品種（西洋アジサイ）に生まれ変わった。いまではハイドランジア（ヒドランゲア）の名で世界各国で栽培されている。

日本に自生するアジサイ属には、ほかにヤマアジサイ、エゾアジサイ、ガクウツギ、タマアジサイ、ツルアジサイなどがある。

栽培植物のシチダンカやベニガクはヤマアジサイの栽培品種である。欧州ではツルアジサイもよく栽培される。葉から甘茶をつくるアマチャ、**樹皮**から和紙の糊を採るノリウツギも同属の植物である。

美しい花は宣伝担当

アジサイの花色は変幻自在。白から水色、青、薄紅色、朽葉色と微妙な色合いに移りゆく。だが、花びらと見えるのは、じつは**萼**（がく）である。４枚の萼は大きく色づいて、その懐に小さな花を抱いている。しかし美しい萼に抱

＊本文中の太字の用語については、巻末の「エライオソーム用語解説」に詳細な説明を付しました。

アジサイ（六甲山）

かれた花は、雄しべも雌しべも存在するもののその機能は不完全で、**稔性**のある花粉もつくらなければ実を結ぶ能力もない。性機能を欠く飾りものの「**装飾花**」である。

母種のガクアジサイでは、装飾花は**花序**（花の集まり）の外周に一列に並んでいる。その様子を額縁にたとえて、名は「額紫陽花」。額縁に囲まれた絵に当たる部分は、美しい萼を伴わないが、性的には完全な「**両性花**」である。装飾花は宣伝に徹して虫を呼び、両性花がうまく実を結ぶのを助けている。栽培種のアジサイでは**花序**全体が装飾花に変わっているので、人の目には美しいが、実を結ぶことはない。

野生のアジサイ類には、甲虫のハナカミキリ類や**マルハナバチ**が訪れる。彼らの目的は

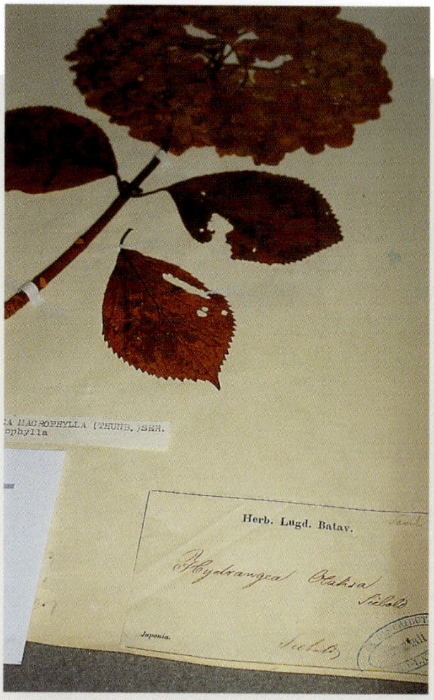

シーボルトのサインの入りの標本　ライデン博物館から東大総合研究博物館に寄贈されたシーボルトの直筆サイン入りのアジサイの標本。右下に、オタクサの学名が見える。現在は東大の所蔵

タマアジサイとカミキリムシ　アジサイ属の野生種で、丸いつぼみが特徴。装飾花は淡紫色で花序の外周だけにある。花粉を食べにくるヨツスジハナカミキリの雌を待って、雄がアタックをかける。花はハナカミキリたちのレストランであると同時に社交場でもある

花粉である。装飾花は、両性花が咲く前から咲き終わるまで美しさを保ち、**訪花昆虫**を必要とする期間にわたって花を探す虫たちへの信号となる。装飾花が大きいのはもちろん虫の目を惹くためだが、両性花が小さいのにも花の密度を高くして虫の１回の訪問でなるべく多くの花を受粉させようという花のもくろみがある。

酸とアルカリ　花色の化学

花の色は、同じ株の中でも枝によって微妙に違うことがある。株を移植しても花の色は変わる。

そもそも花の「色」はどのようにして生まれるのだろうか。花の色をつくる色素には**アントシアン**（橙～ピンク～赤～紫～青）、**フラボン**（淡黄色～白）、**カロチン**（赤～橙～黄）、**ベタレイン**（紅）などがある。植物によって、もっている色素の種類は違う。

アジサイの花の色素はアントシアンである。この色素の特性として金属イオンと結びつくと色調が変わる。たとえば、ツユクサではマグネシウムと結びついて鮮やかな青い色に、アジサイではアルミニウムイオンと結合すると水色になる。また、細胞液の酸性度が高いと赤っぽく、低いと青みが強くなる。

咲きはじめは葉緑素が残って緑白色の花も、咲き進むにつれ葉緑素は消えてアントシアンが合成され、花の色は水色（品種や条件によっては白やピンク）になる。だが咲き終わりに近づくと花はしだいに赤みを帯びる。これは細胞の老化に伴って**液胞**（えきほう）に酸性の老廃

アジサイ　雨の季節に咲くアジサイにはしっとりした風情がある。ユキノシタ科の落葉低木。日本に自生するガクアジサイから生まれた。微妙な色調の変化を見せる色の魔術師でもある

さて
土壌酸性度の
成績は？

物が溜まり、酸性度が高くなるからである。

土壌pHも影響する。土に含まれるアルミニウムは、土壌が酸性だとイオンとなって根から吸収され、細胞中でアントシアンと結合して青を発色させる。

逆にアルカリ性土壌だと、アルミニウムイオンが乏しくなり、花色はピンクに近づく。リトマス試験紙の場合は酸性で青→赤、アルカリ性で赤→青だから、ちょうど反対だ（リトマス試験紙の色変化は、“成績は３＝青赤は酸”と覚えると忘れない！）。移植すると色が変わるのは土壌の酸性度の違いのためである。

枝で花色が異なるのも、土壌pHにむらがあると根や枝の張り具合で細胞に届くアルミニウムイオンの量が違ってくるためと考えられている。

ヤマアジサイの園芸品種「シチダンカ」
日本に自生するアジサイ属植物は12種。山の沢沿いなどに生えるヤマアジサイ（別名サワアジサイ）はガクアジサイに似ているが、花序や装飾花の直径はガクアジサイの半分ほどと小ぶりで、葉には光沢がない。ヤマアジサイからも多くの園芸品種がつくられており、装飾花が八重になった「シチダンカ」もそのひとつ。花後に装飾花が赤く染まる「ベニガク」もヤマアジサイの園芸品種である

花色を変えるのは、なぜ？

ハコネウツギやランタナの花の色は時間とともに極端に変わる。これらの花では、花色を構成する複数の色素が時間差をもって合成されてくるので、花の色が変化する。同時にさまざまな色が混じる花の集団は虫の目を惹くに違いない。

花色の変化は、虫に花の熟度を知らせるサインにもなる。ランタナの花は黄から赤に変わるが、ハチは蜜の多い黄色い花を選んで訪れる。つまりハチは花の色を学習して食糧を効率的に集め、花は虫に未受粉の花を集中的に巡回させる。一種の相利関係が成立しているわけだ。

トチノキの花びらにある斑点は、はじめ黄色く、後に赤に変わる。黄色い斑をもつ若い花には蜜があるが、斑が赤くなった古い花はもう蜜を出さない。花を訪れて花粉を運ぶマルハナバチは、斑点の色を見分けて蜜のある黄色い斑の花を集中的に訪れる。だが、花に止まってもしべに触れず花粉を運ぶ役に立たないハナアブは、色の違いを見分けられず、どちらの花も同じ頻度で訪れるという。トチノキは、マルハナバチだけにわかる色のサインを出してこれを優遇し、招かれざる客のハナアブにはむだな労力を強いて蜜の「ただ飲み」を邪魔しているのである。

アジサイの花もまた、魔法の絵の具でドレスを染め、装飾花のアクセサリーもきらびやかに虫を誘う。私たちの目にはただ美しく見える花たちも、彼（彼女）ら自身は生き残りをかけて美を競い合っているのである。

艶姿　花色変化！

ハコネウツギ　海岸近くに自生するスイカズラ科の落葉低木で、庭にも植えられる。花は白から紅に変わる。白い花の色素であるフラボンは紫外線を反射し、紫外色を見ることができるハチにはよく目立つ。時間が経つとアントシアンが合成されて紅色になる

トチノキの花　山に自生する落葉樹で大木になり、公園や街路樹にも植えられる。花は5月、長さ30cmほどの大きな花序に咲く。秋に実る「トチの実」はデンプンに富み、トチ餅をつくる。マロニエ（セイヨウトチノキ）も近い仲間

ランタナの花　クマツヅラ科の園芸植物で、南米原産。暖地では野生化していることもある。丸く集まって咲く花は黄色から赤へ変わる。ハチは花色を見分け、蜜をよく出す黄色い花に集中するという

はかなさ故に機略をめぐらす

ツユクサの用意周到

Commelina communis

さわやかな夏の朝、
野原に落ちた青い透明なインクのように
ぽつんぽつんと咲くツユクサ
あっという間にしおれる運命だからこそ
慎重かつ大胆に、力を尽くす

澄みきった青もはかなく

朝露きらめく草むらに、青く澄んだ水の色。つかの間の幸せな夢の中で、ツユクサが瞳を輝かせている。道端や空き地に咲くツユクサ科の**一年草**。名は露草。夏から秋の早朝、露の雫をきらめかせた葉の間から青い花が咲き出たかと思うと、朝露が消える頃にはもうしぼむ。ありふれた雑草ながら、美しくも短い命の花は、はかない露の精を思わせる。

比類なく美しい青は、色素の**アントシアン**にマグネシウムが結びつくことによって生じてくる。花びらの絞り汁は昔から染色に使われたが、光や水に弱いことから、藍染めの技法が伝わると次第に廃れた。

しかし一方で、水で洗うと跡形もなく流れて消える特性は、友禅染めの下絵を描くのには好都合だった。早朝に花を摘み、その絞り汁を和紙に染み込ませて乾燥させたものが「青花紙」で、近江の国（現在の滋賀県）の特産物として今日もなお生産されている。この用途のために品種改良されたものがオオボウシバナ（大帽子花）で、花びらがツユクサの3倍ほどもあり、観賞用に栽培されることもある。とても美しいが、残念なことに命のはかなさはツユクサと変わらない。

葉先の露はひとしお

名の由来として、花の命が短くて朝露が残るうちにだけ咲くからとも、露を帯びて咲くからともいう。早朝のツユクサの葉は露の雫をきらきらと輝かせ、その光の反射が花の青

＊本文中の太字の用語については、巻末の「エライオソーム用語解説」に詳細な説明を付しました。

ツユクサの群生　花は早朝に開き、昼前にはしぼんでしまう。草むらに点々と咲く青い花は、空の色を映して深みを増す

オオボウシバナ　ツユクサの栽培品種で花びらが大きく、京都周辺で友禅染の用途に栽培されている。この花の絞り汁で下絵を描き、染付けのあとに川で洗い流す……この「友禅流し」は、各地で夏の風物詩ともなっている。写真の花は咲き終わりに近づき、雌しべと雄しべはおおかた巻きもどっている。小石川植物園にて

白花のツユクサ　ときには白い花のツユクサに出会うことも。これは、突然変異によって色素の合成能力を失ったアルビノ（白花品）である。一般にアルビノは遺伝的に劣性で、次世代にも出現するとは限らない。だがツユクサの場合は積極的に同花受粉を行っているため、翌年以降も白い花を咲かせる株が出てくる頻度が高い

さと相まって、なおいっそうの風情を醸し出す。

露の雫は、どのようにして生まれたのだろうか。ツユクサに限らず、冷え込んだ朝の草むらはしっとりと朝露を帯びている。これは夜間に気温が下がり、空中の水蒸気が冷えてできる露（結露）である。

一方、一般に植物の葉は、昼の間は裏面の気孔から根が吸い上げた水分を水蒸気として**蒸散**させている。だが、夜になると蒸散作用は弱まり、葉の内部に水が溜まる。この余分な水は葉脈の末端にある水孔という穴から外に押し出され、水滴となって滴り落ちるのである。ツユクサはこの作用が特に盛んなので、朝になるとまるでシャンデリアのように、葉の先端に露の玉がきらめくのだ。

かわいい雄しべの秘密

花は、ちょうど2枚貝のようにたたまれた包葉（**苞**ともいう。花に付随した特殊な形の葉）の間から、毎朝ひとつずつ顔を出す。

花びらは3枚。ミッキーマウスの耳のような形に広がる2枚が大きくて青く、下の1枚はごく小さくて白い。

雄しべは6本。2本の雄しべは雌しべとともに長く前方に突き出されているが、茶色であまり目立たない。短い3本の**葯**（花粉袋）はX字型をしており、花の中心で黄色く目立つ。そして残る1本は両者の中間の位置にあり、Y字型で、色も黄と茶の中間だ。

花の多くは雌しべと雄しべの双方を持つ**両性花**だが、中には雌しべを欠く雄性花も混じ

ツユクサの花を訪れたヒラタアブ 1匹のヒラタアブが花に飛んできた。虫は必ずしも騙され放しというわけでもない。このヒラタアブは、目立たない雄しべから花粉をまんまとなめとっていた

っている。両性花が実を結ぶには多量のエネルギーを費やすが、雄性花が花粉をつくるだけなら少量ですむ。エネルギーを節約し、花粉をばらまいてあわよくば父親として子孫を残そうとする花のたくらみなのである。

ところで、目立つ3本の短い雄しべは、実際は花粉をまったくつくらない。虫を誘うための「**飾り雄しべ**」（仮雄しべ、仮雄蕊（かゆうずい）とも呼ぶ）なのである。

一般に、花を訪れる虫は、蜜と同時に花粉を食糧として利用する。植物によっては蜜をつくらず、虫に花粉だけを提供している種類もある。しかし花にしてみれば、花粉には卵細胞に精核を送り込んで子をつくるという重要な任務があるので、多量に食べられてしまっては困る。花粉の製造には貴重なタンパク

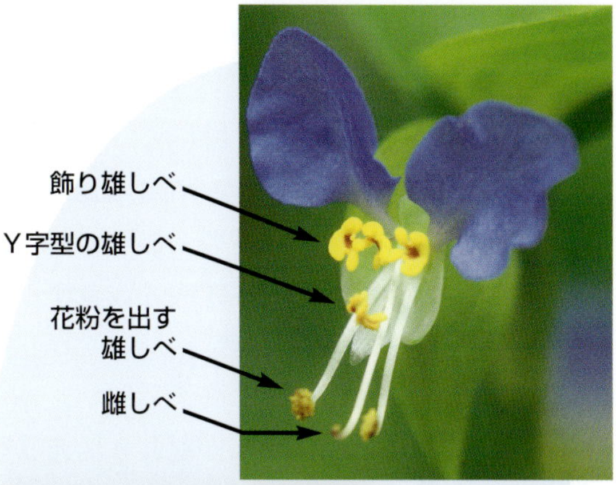

ツユクサの花 上が両性花。長く突き出た雄しべの間に雌しべがある。左は、雌しべのない雄性花

斑入りツユクサ 葉に白い筋が入る園芸品種。斑入り葉は、葉の一部に葉緑素を欠くもので、突然変異あるいはウイルス感染によって生じてくる。野外でも斑入り葉の株を見つけることがある

質や核酸を要するので、経済面でも苦しくなるのだ。

そこでツユクサは「飾り雄しべ」を用意し、たんまり花粉があると見せかけて虫を誘う。騙された虫が長い雄しべの花粉に触れて次の花の雌しべに運んだとき、花は目的を成就する。

最後の大仕事

ツユクサの花は、短い命が終わりに近づく頃、ひそかに大仕事を果たす。花は、しぼみながら長い雄しべと雌しべを巻き上げ、絡み合わせて自ら受粉するのだ。同じ花の花粉で受粉することを**同花受粉**という。朝の短時間に虫が来るとは限らないが、こうして同花受粉を行うことで確実に実を結ぶことができる。

同花受粉は、しかし極端な近親交配となり、遺伝的に劣った弱い子孫が生まれる危険が大きい。が、冬は枯れる一年草のツユクサとしては、なにがなんでも種子をつくらなければ子孫が絶えてしまう。その執念が生んだ最期の秘め技が、巻き上がる雄しべと雌しべなのである。

咲き終えた花は再び包葉の中にもどり、実を結ぶ。秋が深まる頃、実は熟して裂け、黄ばんだ包葉の中に数粒のタネを吐き出す。

やがて冬を告げる木枯らしが吹き荒れると、タネは包葉の中から振り出され、ちりぢりに冬枯れた草むらに転げ落ちていく。ツユクサの一生は終わり、新たな命は草むらの底で次の春を待って静かに眠る。

はかなさの奥に逞しさを秘めて生きる露の花。内なる生命の輝きが外面の美しさをさらに際立たせるのは、私たち人間も同じではないだろうか。

騙(だま)したり、頑張ったり…

左：サルスベリ　ミソハギ科の花木。長短2タイプの雄しべのうち、本物の花粉を出すのは目立たない長い雄しべだけである

右：シコンノボタン　ノボタン科の園芸植物。長く突き出た雄しべはよく目立つが、イミテーションの花粉をつくる飾り物である。本物の花粉は目立たない短い雄しべでつくられる

四季咲きベゴニア　シュウカイドウ科の園芸植物。センパフローレンスとも呼ぶ。花には雌花（左下）と、多数の雄しべをもつ雄花（右上）がある。雌花は花粉の塊に見せかけた黄色い雌しべで虫を騙して誘う

オシロイバナの同花受粉　夕方の咲き始め（上）と朝、雄しべと雌しべが巻き上がったところ（右）

見せかけの花粉や雄しべで虫を騙して誘う植物はツユクサばかりではない。

サルスベリの花を観察すると、長短2種類の雄しべがある。花の中心部でよく目立つ多数の黄色い雄しべと、長く突き出しているがあまり目立たない紫色の雄しべ、の2タイプだ。受精に役立つのは、目立たない長い雄しべが出す花粉だけ。短くて目立つ雄しべは、花粉は出すものの、それは肝心の染色体（DNA）を含んでいない見かけ倒しのニセ花粉。虫をおびき寄せるための、安物のイミテーションなのである。

ノボタンの仲間も、突き出た長い雄しべが出すのは窒素含量の低いイミテーションで、実際に生殖能力のある花粉は短くて目立たない雄しべの方だけがそっと出す。

ベゴニアの花には雌雄があり、雌花は花粉をつくらない（ベゴニアの花は蜜を出さないので、花粉がないということは虫にとってのエサがないということを意味する）。そこで、雌花は雌しべの先端を大きな黄色い塊に発達させ、花粉の塊に見せかけて虫を誘う。

オシロイバナは、ツユクサと同様に数時間でしぼむ一日花であるが、夕方に咲いた花は、朝を迎えると、雄しべと雌しべをくるくると巻き上げ、互いに接して同花受粉を行う。

平和を維持する本当のコツ？

クローバーの主導権

Trifolium repens

花の冠や首飾り、4つ葉のクローバー探し
白い花が一面に咲く野原で
子どもたちは夢見心地にたわむれる
優しい花にふさわしく、
地下では平和な相互扶助……
でもない？　共生と抗争は紙一重 ?!

幸運の見つけ方

初夏のベイ・エリア。海の見える公園の芝生に寝そべると、クローバーの花がそよ風に揺れていた。

クローバーはヨーロッパや北アフリカを原産地とするマメ科の**多年草**。栄養価の高い牧草として広く利用されている。和名のシロツメクサ（白詰草）は、江戸時代、オランダから送られてきたガラス器の詰め物として、この草を乾かしたものが使われていたことから。明治初期以降は、牧草として日本各地で栽培されるようになった。だがその一部は逃げ出し、いまでは野原や空き地などに野生化している。

ハート型の小葉には白い斑紋があり、普通は3枚、まれに4枚。4つ葉のクローバーはいわずと知れた幸運のシンボル。これはキリスト教諸国で、3つのハートは三位一体を、4つ葉は十字架を象徴すると信じられたことに由来するという。踏みつけられる場所では成長点が傷ついて4つ葉になりやすいと書いてある本もあるが、それは違う。4つ葉の出やすさは、遺伝的に決まっている。

ちなみに私は4つ葉探しの名人（！）である。コツは、視野全体でクローバーをとらえて見下ろしながら歩き回ること。ひとつ見つけたら、同じ株にもっと見つかる可能性が高い。出やすい株の位置を覚えておけば、翌年もまた見つけられる。

葉の斑紋は、葉の**柵状組織**（さくじょうそしき）（葉の表層近くにある組織で多くの葉緑体を含み、柵のよ

＊本文中の太字の用語については、巻末の「エライオソーム用語解説」に詳細な説明を付しました。

左：クローバーの群生　いっぱい咲いているど、つい花輪をつくりたくなる。花茎はしなやかで、曲げたり編んだりが自由自在。だから、踏みつけにとても強い。花茎の先には数十個の花が集まっている。咲いている花は横向きになってハチを待つが、咲き終わると下を向く

下：アカツメクサ　ムラサキツメクサとも。これも牧草としてヨーロッパから導入され、いまでは野原や土手の雑草になっている。花はシロツメクサに遅れて咲き出す

いくつ見つけられるかな？

4つ葉のクローバー　4つ葉が出やすい株もある。さて、この中に、いくつ幸運を見つけられる？

クローバーの「寝姿」 夜のクローバー。葉を立てて寝ていた。3枚の小葉のうち、2枚をぴったりくっつけ合うと、1枚は決まってアブれてしまう

うにぎっしり並んでいる細長い細胞からなる）の細胞が部分的に小ぶりで、細胞の間にすき間があるために光が乱反射されて白く見える。葉の斑紋は遺伝的なもので、その形には個性があり、入り交じって生えている株の中から**クローン**（同じ遺伝子を持つ同一株）を識別する手がかりになる。中には斑紋をもたないタイプもあるが、遺伝的には劣性で、斑紋を持つタイプとかけ合わせると子孫はすべて斑紋をもつタイプになる。

植物だって寝る子は育つ

夜の公園を懐中電灯持参で散歩すると、さまざまな寝姿を観察できる。もちろん、植物の、である。

昼間は水平に開いていたクローバーの葉も、夜は3枚が立って寝る。カタバミの葉もクローバーとよく似た3つ葉だが、こちらは傘をすぼめたように垂れて寝る。

夜に眠る植物はけっこう多い。ネムノキ、クズ、フジ、ニセアカシアなどのマメ科植物は葉を閉じたりすぼめたりして眠るし、シソやオナモミも夜は葉をだらんと垂らして眠る。

なぜ、葉は夜、眠るのだろうか。昼間、光エネルギーを葉緑素に取り込んだ植物は、夜の間に葉の中の化学工場をフル稼働させて炭水化物を合成している。この化学反応は、温度が高い方が早く進む。

葉を水平に広げていると**放射冷却**により熱はどんどん大気中に逃げてしまうが、葉を閉じたり立てたりすると放射冷却を防いで葉温を高く維持することができ、工場の生産効率

赤葉クローバー　最近は、葉が赤紫色のもの、黄金葉のものなど、観賞用の園芸品種も出てきている

シャジクソウ　日本に自生する唯一のクローバー属植物。放射状の葉が車軸を思わせるのが名の由来。群馬県や長野県の一部地域に特産する。群馬県高峰高原にて

を上げることができるのだ。

構造的には、葉の３枚に分かれる位置の膨らんだ部分（**葉枕**と呼ぶ）の細胞の浸透圧が変化することによって、葉と軸の角度が変わる。夜のそぞろ歩きの心地よい季節。植物観察もおもしろい。

ギブ&テイクの共生

クローバーの根を引き抜いてみると、ところどころに丸い粒がついている。これがマメ科特有の「**根粒**」である。根に「**根粒菌**」が**寄生**して生じたものだ。

根粒菌は土に住む細菌の一種で、普段は土の中の有機物を分解することでエネルギーを得ているが、マメ科植物に寄生すると根粒をつくり、大気中の窒素ガスからアンモニアをつくる（これを**窒素固定**という）ようになる。根粒菌は、マメ科植物から炭水化物やビタミンをもらい、代わりに植物は根粒菌からアンモニアをもらってアミノ酸やタンパク質の原料にする。いわばギブ・アンド・テイクの関係である。

作物に窒素肥料が不可欠なことを見てもわかるように、植物は常に窒素に「飢えて」いる。窒素分は不足しやすい資源なのだ。空気中には窒素ガスが大量にあるが、植物はこれを利用できない。唯一、これを利用できる生物が、根粒菌とその仲間なのである。

マメ科植物は、根粒菌と「**共生**」することで、飢えから解放された。その結果、普通の植物なら到底生きていけないような痩せた土地にも進出が可能になった。

レンゲソウ（ゲンゲ）　これもマメ科植物。田んぼを一面の赤紫に彩るレンゲソウは、懐かしい春の風物詩だ。花にはミツバチが盛んに訪れる。レンゲソウのハチミツは最高級

両者の関係は、普通、互いに利益を受ける「**相利共生**（そうりきょうせい）」と呼ばれている。つまり、両者が「仲よく助け合って」暮らしているのだと思われてきたわけだ。ところが、実際はちょっと違うらしい。最近わかってきたことには、意外にシビアな関係らしいのだ。

じつは自己チュー抗争？

まずは侵入時。マメ科植物の根から出ている特別な物質を感知すると、根粒菌の中に眠っていた一連の遺伝子が働き始める。そして根粒菌は、植物の成長ホルモンと同じ物質を合成して根に作用させ、伸びてゆるんだ部位から根の内部に侵入する。病原菌の感染時と同じ、強引なやり口である。

植物の組織は、根粒菌のつくり出す物質の影響で変形し、こぶ状の根粒が形づくられる。この中で、根粒菌は植物の炭水化物を利用し、分裂を繰り返しながら急速に増殖する。これも病原菌の場合と同じ。根粒菌が主導的立場にある。

ところが、根粒が大きくなってくると、根粒菌は突然、分裂をストップしてしまう。代わりに根粒菌の細胞は肥大し始め、窒素固定を行うようになる。

このとき、根粒菌の増殖を抑えているのは植物サイドだという。植物が菌の増殖を抑える物質をつくり、根粒菌の生命活動を操っているらしいのだ。たしかに、根粒菌が無制限に増殖したら、せっかくのアンモニアも根粒菌の体をつくるタンパク質に使われて、植物に回ってこない。それでは困る。

さらに、土に窒素分が豊富だと、たとえ根粒菌が感染しても根粒はできにくい。これも、

左：クローバーの根粒　クローバーやレンゲソウの根粒は直径2〜4mmほど。同じマメ科でも、ダイズの根粒は径7、8mmとずっと大きい。夏に枝つきの枝豆を買って、根の部分を観察してみるとよい。根粒菌には、血液のヘモグロビンに類似した構造を持つ「レムヘモグロビン」が含まれているため、根粒を切るとその断面は赤い

下：レンゲソウの根粒　レンゲソウの根には、たくさんの根粒がついている。冬の田んぼにレンゲソウのタネを蒔き、一面の花が咲きそろった頃に土に鋤き込んで肥料にすると、根粒菌が空気中から取り込んだ分だけ、土の窒素分が増えて、窒素肥料を与えるのと同じ効果が得られる。おまけに土の有機質も増えて柔らかくなり、一石二鳥だ。最近はレンゲソウの価値が見直され、各地で「レンゲ田」を復活させる運動も盛り上がっている

植物が根の細胞分裂を抑える物質をつくり、根粒形成をコントロールしているらしい。

窒素固定には大量のエネルギーが必要で、植物がいわば燃料として根粒菌に提供する炭水化物は、かなりの量、相当な負担になる。ほかに利用できる窒素栄養分さえあれば、根粒菌に頼る必要がないだけでなく、根粒菌なんかいない方が経済的、というわけだ。仲よく助け合って、なんてとんでもない。どっちもどっちの自己チューではないか！

根粒菌とマメ科植物の「共生」は、根粒菌の一方的な寄生から長い時間をかけて進化し、植物がついに主導権を握ることでシステムが完成した。人間社会にもさまざまな共生関係がある。クローバーにならえば、円満の秘訣は寄生される側（男？　それとも女？）が主導権を持つこと、かも……。

かわいい顔して、この子……

ネジバナの螺旋階段

Spiranthes sinensis

ほっそりとした野の草の
その花はよく見ると螺旋を描き、
さらによく見るとカトレアそっくり
だれもが魅せられるネジバナ
けれども、見かけによらない一面も……

超小型ながら立派なラン

光こぼれる初夏の午後。公園の芝生の間におもしろい花を見つけた。まるでエッシャーの「無限階段」。不思議な螺旋を描く花は、その名もネジバナ（捩花）という。別名モジズリ（文字摺）。属名の*Spiranthes*も「螺旋の花」という意味だ。

近寄って見ると、螺旋をなして咲く花は、大きさの差に目をつぶりさえすれば、形も色もカトレアの花にそっくりだ。それもそのはず、ネジバナは小さいながらも立派なランの仲間である。

日本各地の明るい草地や芝生に生えるラン科の**多年草**。6～8月に高さ10～40cmほどの花茎を立て、可憐なピンクの花を咲かせる。分布は広く、ヨーロッパ東部からシベリアを経て中国、日本、さらに東南アジアからオセアニアにわたって生育している。

花穂のねじれは一定ではない。巻く向きは左右ほぼ同数、ピッチも緩急さまざまだ。同じ株から出る花穂の中にも、右巻き、左巻きが混じっていたりする。ねじれの向きは遺伝的に決まっているものではなく、確率的にどちらかに転ぶことがわかっている。

ねじれることに意味はあるのだろうか。花を訪れて花粉を運ぶのは、小型のハチ。横から花にもぐり込むハチの行動習性に合わせ、花は横向きに咲く。視覚で花を探すハチを呼ぶには、小さな花は集まった方が効果的。だ

＊本文中の太字の用語については、巻末の「エライオソーム用語解説」に詳細な説明を付しました。

ネジバナの群生　都内の公園や大学構内でも、愛らしい花の群生を見かける。でも運悪く芝刈りに遭って、せっかくの花が見られない年も

が、花がそろって一方を向けば、茎はそっちに傾くのが道理。そこでネジバナは花の向きを順繰りに変えた。花を螺旋につけることで重心が安定し、細い茎も直立する。

虫モードで発見したものは？

花がハチに花粉を運ばせる仕掛けは、じつに巧妙だ。

池袋駅にほど近い立教大学のキャンパスでは、6月中旬になると芝生にネジバナが咲き出す。この芝生で花に来る虫を観察することにした。しばらくしてこちらの「目が慣れた」頃、やって来たのはネジバナの花に見合ったサイズの、小さな小さなハチだった。

虫の観察というのはキノコ探しや化石探しに似ていて、自分から探索モード（？）のスイッチを入れないことには、視界には入っていても「見えて」はこない。スイッチを入れて「目が慣れる」までには、それなりに時間がかかるのだ。しかも、たとえば虫、キノコ、化石と、それぞれのモードに入るスイッチは別々だ。その人が持っているモードのメニューが豊富であるほど、自然を観察する視点はより多角的になり、相互の結びつきも加わって飛躍的に「見えてくるもの」が増すのだと私は思う。

小さなハチは羽音も立てない。無言で花に止まると、小さな体を花の奥へともぐり込ませた。そして2、3個の花を回ると、またふっと飛び立って数m離れた別のネジバナに止

ネジバナの花粉塊をつけたハチ　小さなハナバチが訪れた。ハナバチの頭に白い花粉塊がついている。花にもぐれば百発百中、花粉塊がくっつく、というわけではなく、観察していても花粉塊がついてこないときの方がずっと多い

ネジバナの花に止まるヤマトシジミ　シジミチョウの仲間もよく花を訪れる。細い口を長く伸ばして花の奥の蜜を吸ってしまうので、花粉塊がくっつく可能性はだいぶ低い

まる。これの繰り返しだ。私はカメラを手に、小さなハチを追いかける。

芝生には同種類のハチが何匹かいて、みな同じような行動をとっている。その中に、なにか白いものを頭にくっつけているハチを見つけた。おおっ！　**花粉塊**（かふんかい）！

ラン科の花は、花粉を塊ごと虫の体にくっつけて運ばせる、独特の仕掛けを備えている。「花粉塊」である。花粉の塊と**粘着体**がワンセットで、丸ごと花から外れてくるのだ。

ランの花の構造は巧妙である。雌しべと雄しべは合体して「**蕊柱**（ずいちゅう）」をつくり、裏側にそっと花粉塊を隠している。花粉塊（いわば花粉の袋詰め。ネジバナではタラコ型）は、細い柄を介して粘着体（いわば接着テープ。ネジバナではディスク型）につながっており、粘着体の接着面はハチの体が通過する想定地点にぴたりとセットされている。

ネジバナの花にもぐり込んで蜜を吸ったハチは、花から出ようとすると蕊柱をこすり、頭にぺたっと粘着体を貼りつけられてしまう。そのまま後ずさりすると、粘着体につながっている花粉塊もずるずると引きずり出されてくる。これで、花から出てきたハチの頭には、ちょうどミニーマウスの頭のリボンのように、白い花粉塊がちょこんと乗っかっている、という具合。

ハチは何か異変が起きたことを認識しているのか、顔や触覚をいじったりしているが、花粉塊はそんなことでは外れない。頭にリボ

ハチの頭に花粉塊がつくには……

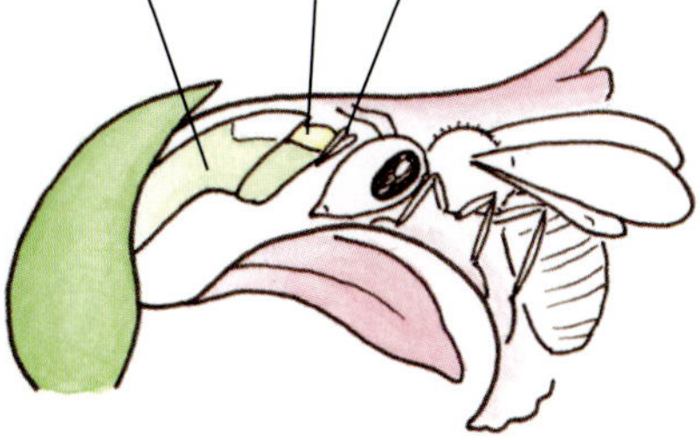

ハチの頭にこすられると、蕊柱が開いて粘着体が貼りつく

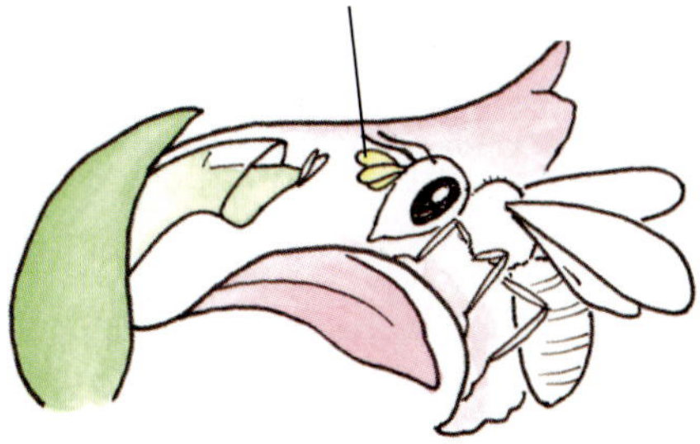

ハチが出てくるときには、花粉塊が頭についている

ン（？）をつけたまま、ハチは再びネジバナの花に飛ぶ。

花粉塊が運び去られた花では、雌しべが露出して花粉を待ち受けている。雌しべの表面は粘液で光っており、花粉塊をつけたハチが訪れると、今度は雌しべのねばねばの上に花粉塊を引きずることになる。花粉塊の袋はずたずたに破れ、中から花粉があふれ出て雌しべにべったりへばりつく。これで、受粉成立。

後日、セイヨウミツバチの訪花も観察した。体の大きなセイヨウミツバチは体ごとすっぽりとは花にもぐらず、口だけを差し込んで蜜を吸う。その口に、またまた白い花粉塊、発見！　シジミチョウの仲間も花を訪れて花粉を運ぶことがある。

ネジバナの花　個々の花は径5mmほどだが、間近で見るとカトレアに劣らず美しい。蜜に至る通路は狭く、口の細いハチだけが蜜に届く。このとき、ハチの額に花粉塊がついて運ばれる

花粉塊の取り出し方

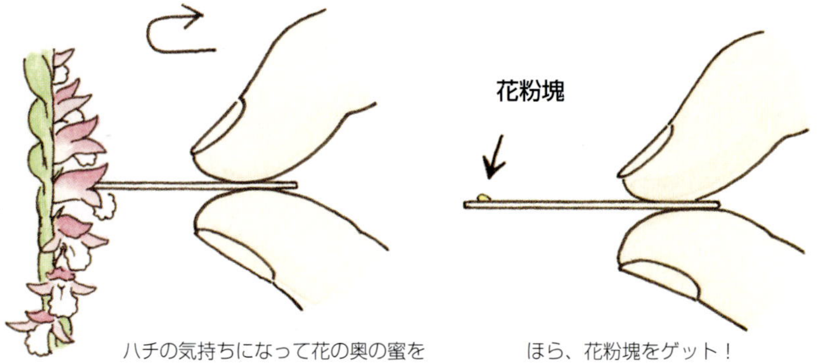

差し込むのも、引き出すのも、そうっとネ！
花粉塊
ハチの気持ちになって花の奥の蜜を吸うつもりで、静かに差し込んで、ゆっくり引き出してみよう
ほら、花粉塊をゲット！よく見るとタラコによく似た形をしているよ

遊びすぎにはご用心

私もネジバナの花に、そうっとシャープペンシルの芯を差し込んでみた。細い芯をハチの口に見立てて、花の奥深くに隠された蜜を吸うつもり。そして、蜜を吸い終わったハチが後ずさりするのを真似て、静かに芯を引き出す。すると、芯が花の上縁にこすれる瞬間、小さな塊がくっついてくるではないか！

この、花粉塊という仕掛けは、栽培ランにも備わっている。サギソウ、シラン、シンビジューム、コチョウラン……。種類によって大きさや形に少しずつバリエーションがあるので、いろいろ試してみるとホントーにおもしろい。

ただし花を長く楽しみたかったら、遊びすぎにはご注意。私の経験では、花粉塊を取り去ったシンビジュームやコチョウランの花は、無傷な花に比べて早く花がしおれて落ちてしまうからだ。

花粉塊を失った花が早く落ちる理由として、次のようなことが考えられる。

まず、花には２つの目的がある。ひとつは自分が花粉を受け取って受精すること、もうひとつは花粉を送り出して別の花の雌しべに届けることである。この意味から、花の目的は、花粉が運び去られた時点ですでに半分弱は達成されたといえる。

ここで、花はひとつの選択を迫られるはずだ。花粉塊を送り出した花にもエネルギーを

維持し続けて花を保つか（さらに受粉まで待つか、あるいはほかの花のために虫を誘引する宣伝塔として花を残すか）、または、花粉塊を失った花へのエネルギー供給を絶って、まだどちらの目的も達成されていない花の方にエネルギーを振り替えるか。

多くの花では、花粉が運び去られたかどうかを花自身が判断することは難しい。だがランの場合は、花粉塊という特殊な形で花粉が運び去られ、その際に花の一部が切り離されるという物理的損傷を伴うので、その判断が可能になるのかも知れない。

花の寿命に花粉の運び出しの有無が関わっているとすれば、それは生態学的にもまだ未研究の、興味深い問題である。

上・中：コチョウランの花　コチョウランの花にペン先を差し込んでも花粉塊がついてくる。写真は花の中心にある蕊柱の先端のキャップ構造を外したところ。黄色い花粉塊がミッキーマウスの耳の形に見える

右：コチョウランの花粉塊　取り出した花粉塊を指先に貼りつけて撮影した。薄いハート型をした粘着体と、2個セットの黄色い花粉塊との間を、細い柄がつないでいる

美しい栽培ランのいろいろ　ランの種子はラン菌の存在下でしか育たないため、交配や増殖が難しく、庶民にとっては長らく高嶺の花であった。だが、最近のバイオテクノロジーの進歩により、ラン菌なしでも人工培地で発芽が可能になり（無菌発芽法）、また成長点培養によって大量増殖が可能になったことから、優秀な交配品種が安価で出回るようになった。東京ドーム・ラン展にて

エネルギー源を省略

ネジバナは、被子植物の変わり者でもある。被子植物は普遍的に「**重複受精**（ちょうふくじゅせい）」を行う。花粉は雌しべにつくと**花粉管**を伸ばすが、その中を2個の精細胞と、1個の**花粉管核**（花粉管核は受精に関与しない）が移動する。

精細胞のうちひとつは卵細胞と合体して受精卵となり、次世代の植物となるべき**胚**（はい）に育つ。もうひとつの精細胞は、卵細胞をはさんで隣り合う2つの**極核**（きょくかく）と合体し、栄養分を蓄えるべき**胚乳**（はいにゅう）に育つ。つまりダブル受精だ。

ところが、ネジバナは唯一の例外なのだ。1個の精細胞が卵細胞と受精するのみで、胚乳ははじめからつくられない。胚乳が必要でない理由は、以下のような独特の種子特性と関わっている。

ネジバナの実は、長さ6mmほどの紡錘形。この中に、なんと数十万個（！）もの種子がぎっしり詰まっている。ネジバナに限らず、ランの仲間はとにかく種子の数がめちゃくちゃに多いのだ。ひとつの実の中にこれだけ多くの種子を受精させるためには、雌しべが受け取る花粉の数もそれ以上でなくてはならない。花粉を丸ごと運ばせるラン科独特の「花粉塊」も、膨大な数の種子という必然があればこそ進化してきたのである。

数の多さと引き替えに、種子はほこりのように細かい。ラン科植物の種子は、あらゆる植物の中でも最も小さいことで知られてい

腐生ランの一種　ランの中には、成長しても緑葉を持たずに光合成もせず、一生をラン菌にたかって生きる種類もある。このようなランを総称して、「腐生ラン」とか「無葉ラン」と呼んでいる。要するにラン菌に「寄生」しているランである。カナダ西部・ウィスラーで撮影

る。ネジバナの種子１個の重さは、0.0009mg。実は熟すと裂けて、無数の種子が風に舞う。ここまで軽ければ、ちょっとした風でも種子はたちまち空に舞い上がり、遠くまで飛んでいくことができるのだ。顕微鏡で見たネジバナの種子は薄膜を広げ、さらに巧みに風をつかまえる。

微細な種子は、内容を極限にまで削減している。普通、植物の種子は胚乳や**子葉**の部分に発芽や初期成長に必要なエネルギー源として養分を蓄えているものだが、ラン科植物の種子はほぼ将来の植物体に育つ胚の部分だけから成り、およそ養分というものを蓄えていない。ネジバナに至っては重複受精もせず、胚乳もつくらない。

ラン科の中でもとびっきりの節約家

ネジバナは、タネをつくる受精だけで、養分をつくるための受精を省略。エネルギー源をもたない無数のタネを、風に飛ばす

ラン菌を利用
しないと
発芽できない

ランがいなくても
困らない。
というか・・・

利用価値がなくなると……

栄養の蓄えがない種子は、自力では発芽できない。その代わり、ラン科植物の種子は、カビの仲間であるラン菌の助けを借りて芽を出す。ランとラン菌は普通、「**共生**」関係であるといわれるが、本当にそうなのだろうか。

ネジバナの相棒はトゥラスネラ・カロスポラという名のラン菌である。土中でこのラン菌に出会うと、ランの種子はラン菌を誘って自分の体を包み込ませ、さらに内部へと**菌糸**を巧みに誘導する。しかし最終的に菌糸に入り込むことを許すのは種子の周縁部のいうなればどうでもいい細胞群だけで、一番大事な部分である胚とその周辺の細胞は菌糸を固く拒絶して触れさせもしない。

ネジバナの胚は、誘い込んだ菌糸から必要な栄養を吸収して育ち、やがて芽を出す。幼い芽はなおもラン菌から栄養をもらい、ついには緑葉を広げるまでに育つ。

ここに至って、ネジバナは相棒への態度を豹変させる。自分自身の**光合成**によって栄養をまかなうことができるようになれば、体内のラン菌にはもう利用価値がない。ネジバナはいままで育ててもらったラン菌を溶かしにかかり、菌糸を分解して自分の養分に吸収してしまうのだ。

ラン菌はふだんは土の中の有機物（枯葉や枯れ枝など）を分解しながら独自の力で生きている。ランと「共生」せずとも、ラン菌は生活できるのである。だが、ランはラン菌を利用しなければ生きることができない。ランとラン菌の関係において、ラン菌は終始利用されるだけで何の恩恵も受けないのである。二者の関係は「共生」ではなく、ランがラン菌に「**寄生**」して一方的に利益を搾取しているといえる。

公園の芝生にネジバナの花が愛らしく揺れる。ラジオの音楽を聴きながらのんびり寝っころがっている私の髪を、風が心地よく吹き撫でていく。「可愛い顔して……ヤルもんだね……」。あみんの歌が流れていた。

只より高いものはない —ラン菌の悲劇—

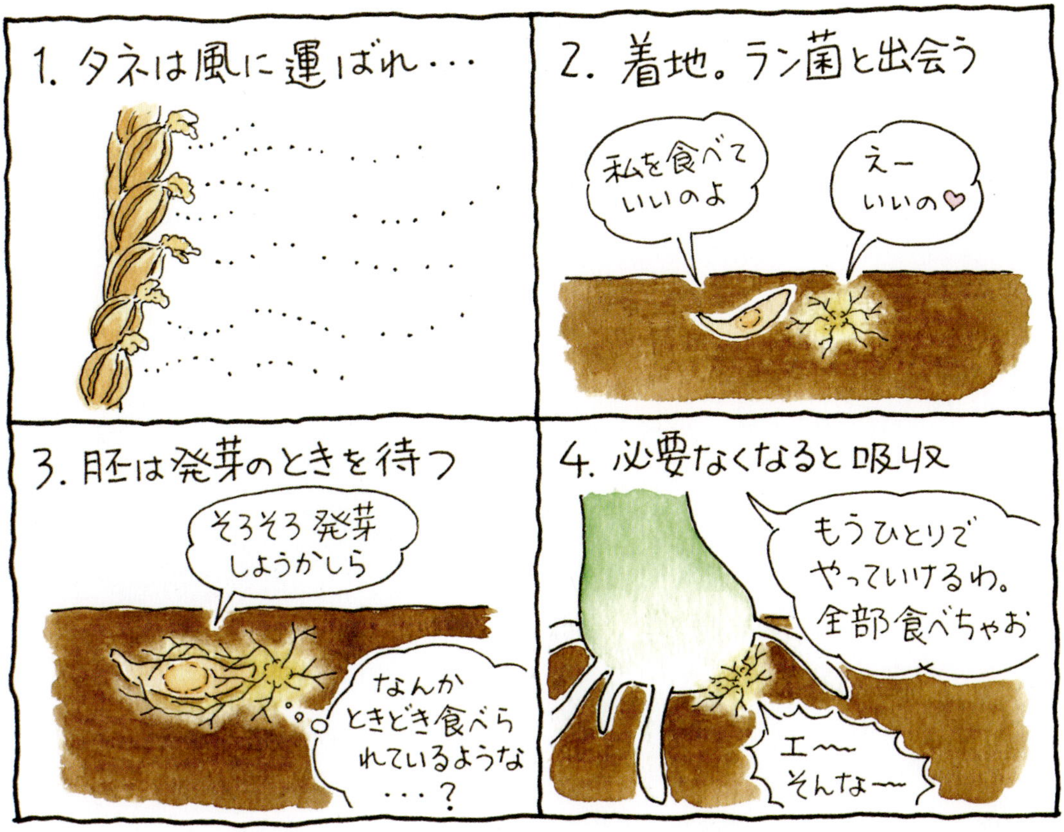

1. タネは風に運ばれ・・・
2. 着地。ラン菌と出会う
私を食べて いいのよ
えー いいの♡
3. 胚は発芽のときを待つ
そろそろ 発芽 しようかしら
なんか ときどき食べら れているような ・・・？
4. 必要なくなると吸収
もうひとりで やっていけるわ。 全部食べちゃお
エ〜〜 そんな〜〜

植物のにおい、その活用法

ドクダミの護身術

Houttuynia cordata

かつては万能薬だった薬草も
いつしか医薬品に席を譲り、
独特のにおいのおかげで嫌われもの？
だが、植物のにおいは伊達じゃない
薬効の素、身を守る楯
その上通信手段にさえなるらしい

お気の毒だミ

外は雨。ふと、駐車場の片隅に咲くドクダミの花の意外にも清楚な美しさに気づいたのは、そぼ降る雨に心までしっとりと濡れたからだろうか。

日本から東南アジアにかけて分布するドクダミ科の**多年草**。藪陰や薄暗い庭の隅などによく茂る。地下茎で盛んに繁殖し、都会のアスファルトのすき間からも芽を出す逞しさも持ち合わせている。白い花とハート型の葉でおなじみだが、何といっても最大の特徴は全体に漂う独特のにおいである。

昔は多くの薬効を持つ薬草として重宝され、「十薬（じゅうやく）」とも呼ばれていた。生葉を火であぶれば化膿傷の貼り薬に。葉を揉んだ汁は虫刺されや蓄膿症の薬になり、痔にも効く。葉を煎じたドクダミ茶には利尿や高血圧予防の効がある。ドクダミの名も「毒にダメを押す」という意味からついたといわれている。人家の周辺にしか見られないのも、人々が常備薬の意味で身近に植えた名残なのだろう。

しかし、医薬の進歩でドクダミの存在価値は失われた。それどころか、悪臭が災いしてすっかり嫌われものの雑草に堕ちてしまったとは、「なんともお気の毒だミ」としかいいようがない。

先入観なしに見れば、白い十字型の花も、濃緑色のハート形の葉も、美しい。実際に欧米では日陰に適したグラウンドカバーとして

＊本文中の太字の用語については、巻末の「エライオソーム用語解説」に詳細な説明を付しました。

ドクダミの群生　わが家のガレージの隅にも、ドクダミが茂っている。これがその写真。この場所で、50cm四方のドクダミをすっかり掘り上げ、娘に手伝わせて地下茎の長さをすべて計ってみた。すると、たかだか$0.25m^2$の面積の中に、なんと！　地下茎の総延長は30mを超していたのである！　どこかで間違えたかと、もう１回計り直し、計算し直したが、やっぱり31m!!　これだけ縦横に地下茎を伸ばしていれば、アスファルトの割れ目からだって芽を出すはずだ

庭園などで栽培されることもあり、斑入り葉の園芸品種もつくり出されている。おもしろいことに、欧米ではにおいも気にならない人が多いらしい。私も講義で学生に嗅がせてみたが、日本人の中にも少数だが悪臭と感じない人もいるようだ。

せっかく花に似せたのに

ところで、ドクダミの「花」と書いたが、白い花びらと見えるのは「苞（ほう）」といい、花に付随した葉が変形したもので、本当の花びらではない。本物の花はごく小さく、雌しべと雄しべだけの構造で花びらもなく、中央の花軸に多数が集まってつく。

苞は普通４枚だが、花軸の中途にも複数つ

ドクダミの花　白い花びらに見えるのは苞で、穂に集まる小花には花びらも萼もない。総苞（複数の苞）に誘われてアブが飛来するが、日本のドクダミはたいがい3倍体で単為生殖するので、虫の手助けは不要である。こうして手間なくタネをつくるうえに、地下茎を伸ばして広がるので、あっという間に庭を占領されてしまうというわけだ

八重咲きのドクダミ 園芸界では「ヤエドクダミ」と呼ばれ、美しいので庭に植えられる。ただし、地下茎をよく伸ばすので、野放しにすると増えすぎてしまうかも

こちらは半八重咲きのドクダミ

いて八重咲きのようになることもある。ドクダミ科は花びらも萼も持たない原始的な被子植物なのだが、このような八重咲きの出現は「花びら」が進化する過程を示すモデルとして注目されている。

白く大きな苞は、本来、虫の注意を惹きつけてたくさん花粉を運ばせるために発達したはずである。実際に東南アジアのドクダミは、虫が花粉を運んで結実する。しかし、日本のドクダミは**3倍体**（染色体の数が普通の1.5倍ある遺伝的系統）で、受粉せずに結実（**単為生殖**という。12〜13ページ参照）する便利な性質を獲得しているので、せっかくの「花びら」に似せた広告塔もじつは無意味である。

日本には3倍体の系統だけが存在し、しかも人家の近くに限って生育していることから、もしかするとドクダミは本来の自生種ではなく、古い時代に薬用として東南アジアからもたらされた帰化種なのかもしれない。

においこそ命

さて、特有のにおいの正体は、**デカノイルアセトアルデヒド**という揮発性物質である。二日酔いの嫌なにおいの原因となる**アセトアルデヒド**に似て、もう少し複雑な構造の化学物質だ。

最近、このにおい物質にも大事な意味があることがわかってきた。実験的にこれを抽出して調べてみると、なんと細菌やカビの増殖を抑える働きがあったのである。この効果を利用して、たとえば冷蔵庫の中をドクダミの葉で拭けばカビ退治ができるし、細菌が関与

左：ヘクソカズラ　アカネ科のつる植物。藪やフェンスによくからんでいる。花は中心が赤くてかわいらしい。でも、摘むとクサイ（詳しくは、100ページ参照）

右：フレンチマリゴールド　中南米原産の園芸植物で、全体に独特のにおいがある。花壇に植えておくとネマトーダ（根瘤線虫）の予防になる。最近はにおいの弱い品種もつくり出されているが、ネマトーダに対する効果は薄いのではないだろうか？

して生じる冷蔵庫臭もすっかり消える。

植物の生存を脅かすのは、じつは虫や草食動物だけではない。病気を引き起こす細菌やカビも大敵である。ドクダミは人類が出現するよりはるか以前から、抗菌・抗カビ物質を発明（?）し、病気から身を守っていたのである。

昔の民間療法も、いま思えばこの抗菌効果を経験的に応用していたわけで、昔の人の知恵にも科学的根拠があったことが証明されたことになる。抗菌抗カビ作用に加えてさまざまな薬効があり、しかも花も葉も美しく、おまけに葉を天ぷらにして食べたりもできる（ただし、多少のにおいは残るので、人によって好き嫌いがある）と聞けば、ドクダミの価値を見直していただけただろうか。

植物のにおいの神秘

植物のにおいは、種類によってじつにさまざまである。市街地のフェンスによくからんでいるヘクソカズラもくさい。漢字は「屁糞葛」で、葉を揉んでみれば実感する。このにおい成分は**メルカプタン**という揮発性ガスで、葉を傷つけると虫が嫌う成分である**ペデロシド**が分解して化学変化することによって生成される。

園芸植物のマリゴールドのきついにおいの成分には、植物を害する**ネマトーダ**（根瘤線虫）を殺す働きがあることが知られている。ダイコンの産地として有名な三浦半島を夏に訪ねるとあちこちにマリゴールド畑が広がっているが、これは畑にマリゴールドを植えて

ミズバショウ（白い花）とザゼンソウ（茶色の花）
ともにサトイモ科のミズバショウやザゼンソウも、目立つのは苞。本物の花は中央の軸に多数集まってつく。ミズバショウの花はよい香りがするが、ザゼンソウの花には悪臭があり、ハエの仲間を誘って花粉を運ばせる

ダイコンのタネまき前に鋤き込めば、農薬なしでもネマトーダの害を防ぐことができ、まっすぐで健康な大根が収穫できるからだ。

ネギ類やニラ、ニンニクを家畜やペットが多量に食べると、赤血球が破壊されて重い貧血や腎臓障害を起こす。犬や猫やハムスターなどを飼っている人は要注意である。生はもちろん、加熱済みでも不可。飼い犬にシチューの残りを食べさせたら中毒したという例もある。原因は、この仲間に共通するにおい成分の硫化アリル類で、これも動物に植物体を食われないための化学防御の一例である（ただし、人間は持っている酵素が違うので食べても中毒する心配はないし、逆に食欲を刺激したり細胞を活性化したりとよいこと尽くめというのでご安心を）。

流行の森林浴も、樹木が放つ香り（**フィトンチッド**）を胸いっぱい吸い込むと心身の健康にいいというもの。**テルペン類**などから成るこれらのにおい成分も、もともとは細菌やカビや昆虫などに対する植物の防衛物質のひとつである。

私たちの鼻に届くにおいがすべてではない。人間の嗅覚の範囲の外にも、さまざまなにおい物質が植物から発せられている。

最近のおもしろい研究を紹介しよう。マメ

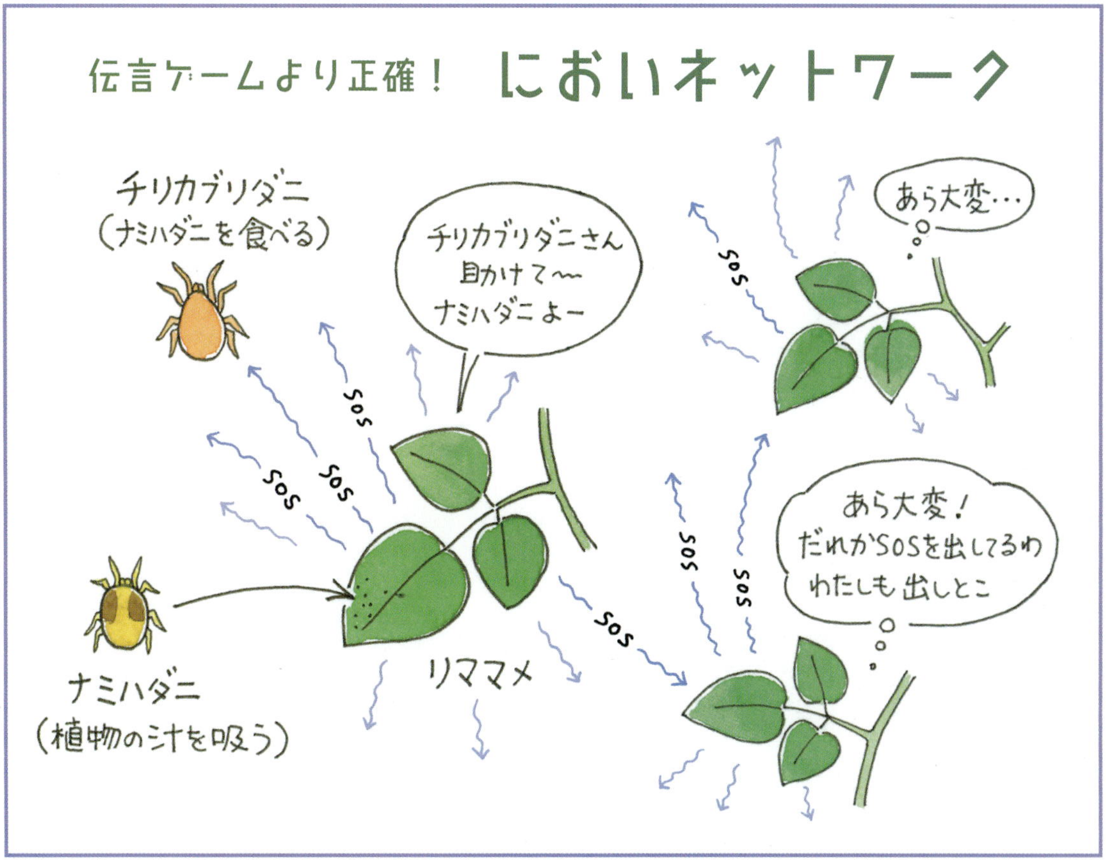
伝言ゲームより正確！ においネットワーク
チリカブリダニ
（ナミハダニを食べる）
チリカブリダニさん
助けて〜
ナミハダニよー
あら大変…
SOS
SOS
SOS
SOS
SOS
SOS
SOS
あら大変！
だれかSOSを出してるわ
わたしも出しとこ
ナミハダニ
（植物の汁を吸う）
リママメ

科植物のリママメは、葉の汁を吸うハダニに襲われて葉を傷つけられると、葉に含まれる成分が化学的に変化し、においが微妙に変わる。ハダニの**天敵**の肉食ダニは、ハダニが食害した葉のにおいを嗅ぎつけて、ハダニを食べにやってくる。いいかえれば、リママメはハダニに襲われると葉のにおいを変化させて天敵の肉食ダニを呼び寄せる。においの「SOS信号」を出して身を守るのである。

もっと驚くことがある。仲間のSOS信号を傍受したリママメは、まだ自分が無傷であるにもかかわらず、自分も葉のにおいを変化させてSOS信号を出し始め、あらかじめ天敵ダニを呼んでハダニを迎撃するというのだ。におい物質を介在として、なんと植物同士の情報交換（！）が行われていたのである。

研究が進むにつれ、リママメのほかにも意外に多くの植物がにおいを情報手段として利用しているらしいことがわかってきた。ただ静かに佇んでいるように思える植物の世界も、私たちが思っている以上にアクティブな情報社会なのかもしれない。

動かない植物は受け身に生きているように見える。でも実際は、化学物質を手に、果敢に外敵に立ち向かっていた。そんな植物の素顔を、私たちは知り始めたばかりである。

夏の夜に咲く花の秘密

真夏の夜の夢 オオマツヨイグサ

Oenothera erythrosepala

濃紺の夜にぽっかりと
浮かぶように咲くオオマツヨイグサ
この花に限らず、夏の夜に咲く花は意外に多い
一見、共通点のない彼らが
夜の闇を選んだ秘密とは？
真夏の夜、繰り広げられる豊饒な生命の饗宴

花は夜開く

夕方が夜に変わる刻。車のライトの中で、クリーム色のつぼみが衣ずれの音を立てて一気にほぐれた。真夏の夜の花がかぐわしく開く瞬間である。

花の名はオオマツヨイグサ。北米原産のアカバナ科の**二年草**。日本で見られるマツヨイグサの仲間にはオオマツヨイグサのほか、マツヨイグサ、コマツヨイグサ、メマツヨイグサなど数種があり、いずれも故郷のアメリカ大陸から渡来して空地や河原などに野生化している。俗に月見草とも呼ばれるが、本物のツキミソウは花が白い別の植物である。

日没直後の開花は、まるで早送り画像のようだ。つぼみがほぐれてから開ききるまで、わずか数分。見る見る間に、花びらや雄しべの隅々に生気がみなぎってゆく。花は暗くなると咲く。ならば、と箱をかぶせて早めに暗くしてみても、やっぱり日没すぎに咲く。暗い中に1日以上おいても夕方になれば咲く。

つまり、オオマツヨイグサは体内に「生物時計」すなわちバイオリズムを持ち、咲くべき時刻を把握しているのだ。

しかし、夕方以降も明るい照明を浴びせ続けると、花は咲かない。生物時計が「夜」の周期に入った上で、「暗い」と認識されたときにはじめて、花が開くのである。

＊本文中の太字の用語については、巻末の「エライオソーム用語解説」に詳細な説明を付しました。

オオマツヨイグサの群生

でも、目の見えない植物がどのようにして光の明暗を認識するのだろうか。明暗を見きわめる「目」はつぼみを包む萼（がく）の基部にある。光の有無で変化するフィトクロムという物質を「光センサー」として、つぼみを開かせるスイッチがいわば内蔵されているのである。

蛾との専属契約ゆえに

夏の夜の草むらは生き物の気配に満ちている。光の空間を飛び回っていたハチやハナアブやチョウに代わって、いまは夜行性の蛾や甲虫たちが闇の空間をひそやかに飛び回る。

オオマツヨイグサの花にも甘い蜜を求めてスズメガ（雀蛾）の仲間が訪れる。花は闇に芳香を漂わせ、月明かりに淡い色調の花を浮き立たせて、蛾をいざなう。

花の基部は細い筒となって蜜をためている。スズメガがまるでハチドリのように停空飛翔しながら長いストロー状の口を差し込むと、待ち受けていた雄しべの花粉が透明な粘液を帯びて蛾の口にまとわりつき、次の花へと運ばれる。

オオマツヨイグサの花は、虫たちをめぐる昼の花たちの誘致合戦を避けて夜を選んだ、といってもいい。蛾をターゲットに、花は闇に咲く。芳香や白、淡黄色といった闇に浮き立つ色も、視覚の利かない夜に咲く花の多くに共通する特徴である。

右：メマツヨイグサ　こちらは花が径2～5cm程度と小型。道端や河原などでよく見かける種類だ。花粉は粘液を帯び、まるでネックレスのように連なっている。メマツヨイグサの種子は、ビール博士の実験（141ページ参照）で、土に埋もれた状態で80年以上も発芽能力を保つことが確かめられている

上：メマツヨイグサ（アレチマツヨイグサ型）　花びらの間にすき間が開くタイプのものはアレチマツヨイグサとして別種とされたこともあったが、連続する中間型が見られて境界が判然としないことから、最近はメマツヨイグサの一型とみなされるようになっている。長野県周辺にはすき間の空かないメマツヨイグサ型が多く、東京近郊ではアレチマツヨイグサタイプが多いようだ

闇に命輝かせて

オオマツヨイグサの花は一夜限り。朝にはしぼみ、翌夕は新たな花が咲く。夏の間、花は次々に咲いてはカプセル型の実を結ぶ。

晩秋、枯れ茎の上でカプセルは裂け、無数のタネを散らす。タネは翌春に芽を出すと、葉を地表に広げた**ロゼット**（183ページ参照）となってその年を過ごす。ロゼットの多くは翌年に花茎を立てて繁殖活動に入り、タネを残して枯死する。このように、2年目に実を結ぶと枯れてしまう植物を二年草と呼ぶ。

だが、マツヨイグサの仲間には、環境（たとえば栄養が極端に乏しい砂丘など）によっては開花までに5～6年をロゼットのまま過ごすものがある。そのため、必ず2年目に開花する植物と区別する意味で「**可変的二年草**」

左：マツヨイグサ　南米のチリ原産で、マツヨイグサの仲間では最も早く、1851年に観賞用として渡来したといわれる。現在は道端や海岸、河原などに野生化している。しぼんだ花が赤みを帯びるのが特徴。葉は細長く、すっきりした印象だ

と呼ぶこともある。

開花まで数年を生きたオオマツヨイグサも、花を咲かせて命を次世代につなげば、親植物にはもう生きる余力は残されていない。親植物はエネルギーをすべてタネに注ぎ、自らは死を迎えるのだ。死と引き換えの繁殖。少しでも多くタネをつくろうとする植物の、これもひとつの選択肢なのだろう。

ちなみにロゼットから繁殖への切り替えは年齢ではなく、サイズで決まる。だからこそ「可変」になる。ロゼットの葉面積があるレベルに達すると、繁殖という「死のダイブ」に向け、あともどりできない運命のボタンが押されるのである。

甘い香りを放ちながら、ただ一夜の夢に生きる真夏の夜の花。生死を分かつ闇に向けて、花は命を輝かせる。

オオマツヨイグサ　街の空き地に咲いていたオオマツヨイグサ。花が美しいので、庭にも植えられる。タネは数十年を休眠して過ごす能力があり、ビルが取り壊された跡地などに咲き出ることもある

夜の住人と専属契約を結んだ花たち

カラスウリの仲間やネムノキ、ユウスゲ、ハマユウなどもやはり蛾と専属契約を結んだ花である。これらの花もまた、芳香や闇に浮き立つ色を、所在を知らせるサインにしている。

熱帯にはコウモリと契約を結んだ花もある。熱帯果実のドリアンや野生バナナの花は夜に咲き、芳香と多量の蜜でコウモリを誘う。

一夜の夢のように美しいゲッカビジンも、故郷の密林ではコウモリが花粉を運んで実を結ぶ。

ネムノキ　子守唄で有名なマメ科の木。葉は夜は閉じて眠るが、花は逆に夕方に開く。ブラシ状の花にはやはりスズメガ類が訪れて花粉を運ぶ

ユウスゲ　別名キスゲ。山地の草原に生えるユリ科の多年草。「夕菅」の名のとおり、花は夕方に開き、翌日の午前中には閉じる一日花である。花は径10cmもあり、夕闇に浮き上がって美しい。同属の仲間であるニッコウキスゲの花は朝に開いて夕に閉じる。近縁種でありながら、開花時間がずれているために、両種の交雑はほとんど起こらない

ゲッカビジン　漢字は月下美人。南米原産のサボテン科の園芸植物で、夜に径20cmもある大きな白い花を咲かせる。花の命は数時間で、夜半にはしぼむ。花は多量の蜜と芳香でコウモリを誘う

オシロイバナ　夕方に咲き、英名も「Four o'clock」。原産地の中米ではスズメガの仲間が花粉を運ぶが、朝方になると雌しべと雄しべを自ら巻き上げて自家受粉を行うので、蛾がいなくても結実する

キカラスウリ　カラスウリの仲間で都会にも咲くつる植物。夜の花はレースのように繊細だ。この花の花粉を運ぶのもおもにスズメガ類である。写真では小型の蛾が訪れている

夢のリゾートか　無間地獄か

イヌビワ 花中綺譚

Ficus erecta

イヌビワの閉ざされた花の中は
会員制のリゾート保育室
VIP会員のイヌビワコバチは
手厚いもてなしを受けつつ子育てに専念
しかし、そこには悪魔の二者択一が……
一大リゾート産業に隠された黒い罠とは？

花にひそむ住人

紺碧の空、弧をなす無限の水平線。夏の海は都会に疲れた心を解き放つ。強烈な日射が亜熱帯を思わせる海辺の林で、イチジクに似た小さな実を見つけた。

イヌビワである。本州関東以西、四国、九州、沖縄の暖かい地域に生育する**落葉樹**で、海岸や道路際のやぶなどに多い。

クワ科イチジク属。屋久島や沖縄に自生する仲間のガジュマル（126ページ参照）は巨木に育つことで有名だ。観葉植物のベンジャミン（フィカス ベンジャミナ）やインドゴムノキも同属。**気根**でほかの木を縛って枯らす熱帯の有名な**絞め殺し植物**もこの仲間だ。

イチジクは「無花果」と書く。花無しで実になるという意味だが、じつは、未熟な「実」に見えるのが花である。正確には、多数の花が軸につき、その軸が肥大して花の集まりを包み込んだ形の「**花嚢**（かのう）」である。

イヌビワの花も同じ構造だが、木には雌雄があり、雄株には雄の、雌株には雌の花嚢がつく。雄株から雌株へ花粉を運ぶのが、本章のゲスト出演、イヌビワコバチである。

梅雨の頃、雄株の花嚢は次々に赤く色づいては大きく膨らみ、先端に円く口を開く。触れると柔らかくゴムまりのような弾力があり、どことなくなまめかしい。花嚢をひとつ割ってみた。すると、どうだ、ものの30秒と経たぬ間に、小さな黒い羽虫が一斉に蠢（うごめ）き出すではないか。

これがイヌビワコバチの雌である。体長2

＊本文中の太字の用語については、巻末の「エライオソーム用語解説」に詳細な説明を付しました。

mm弱。花嚢の中で育った幼虫が蛹(さなぎ)を経て羽化を始めたのだ。その数およそ30。

よく探せば茶色い雄バチも数匹いる。雌バチより一足早く羽化した彼らの唯一の使命は、雌バチとの交尾。羽は退化していてない。発達しているのは、頑丈な前脚と交尾器。雄バチたちは競争で這いずり回り、まだ羽化前で身動きできない雌バチたちと次々に交尾する。

酒池肉林の男冥利と思うのは早計である。なぜなら、それが雄バチの最期だからだ。雄バチは外の世界を見ぬまま、花嚢の中で短い一生を終えるのだ。

一切の修飾を排除した究極の雄と雌の関係がここにある。イヌビワの花嚢という特異な閉鎖空間で命をつなぐ彼らの、それが進化の末に辿りついた配偶形態だったのだろう。

イヌビワの雄株（上）と雄の花嚢（下） 関東地方以西に多い落葉低木で、雌雄異株。雄株の花嚢は夏に赤く（ときに黒く）色づいて膨らむが、中は虫だらけで食べられない。ともに小石川植物園にて

イヌビワの雄株の花嚢（断面）　内側に小さな花がたくさんついている。花のひとつひとつを食べて育ったイヌビワコバチがいま、一斉に羽化した。黒くて羽があるのが雌バチである。羽化直前のコバチが入っている花は黒く見える。花の口の近くに雄花がある。切り口が黒ずんでいるのは、白い乳液が黒っぽく変色して固まったため（下記＊注参照）

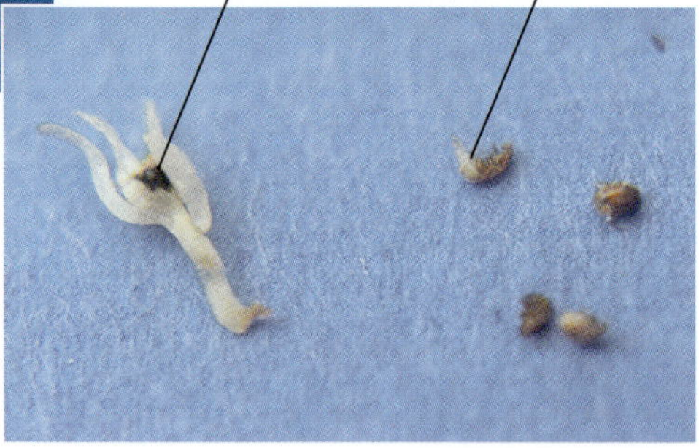

雌の入った花と雄4匹

＊注　イヌビワやイチジク、インドゴムノキなど、イチジク属の木の枝葉や花嚢を傷つけると白い乳液が流れ出るが、この中には多量のゴム成分が含まれている。乳液は空気に触れると数分で変色して固まり、傷口を細菌やカビの感染から守る。また、葉を食べようとする昆虫に対しても、その口を固めてふさぎ、さらなる摂食を妨げる効果がある。乳液を接着剤代わりにして紙を貼り合わせることもできる

雄株か雌株か 究極の選択

中の騒ぎが鎮まるころ、イヌビワは花嚢の口を開く。すると内部の酸素濃度は急激に上昇し、それが引き金となって雌の羽化が促される。花嚢の中では雄花が花粉を一斉に放出し、雌バチは花粉にまみれながら明るい外界へと次々に飛び立っていく。

雌バチはひたすらイヌビワの木を探しながら飛行を続け、産卵に適した若い花嚢を見つけると、閉じた口の弁を強引にかき分けて中に入り込む。このとき、雌バチの翅（はね）はたいてい弁に引っかかって抜け落ちてしまうが、彼女は傷を厭（いと）う風もない。産卵に臨む彼女に、すでに翅は必要ないからだ。

このとき、花嚢が雄株のものであるか、雌株のものであるかによって、彼女と腹の卵たちの運命は天国と地獄ほどに違ってくる。

その花嚢が雄株のものであれば、彼女は産卵できる。雄株の花嚢の中には雄花のほかに、ダミー雌花（**虫嬰花**（ちゅうえいか））があるからだ。ダミー雌花は雌花に似ているが実を結ぶ能力はなく、雌しべが短いので彼女の産卵管はたやすく奥に届く。

これはじつは、イヌビワコバチ専用の花なのだ。幼虫は1匹ひとつずつ花をあてがわれ、柔らかくて美味しい内部組織を食べて育つ。雄株のイヌビワは親切にも保育室と離乳食まで用意していたのだ。

こうしてイヌビワコバチは次々とイヌビワ

イヌビワコバチの天国と地獄

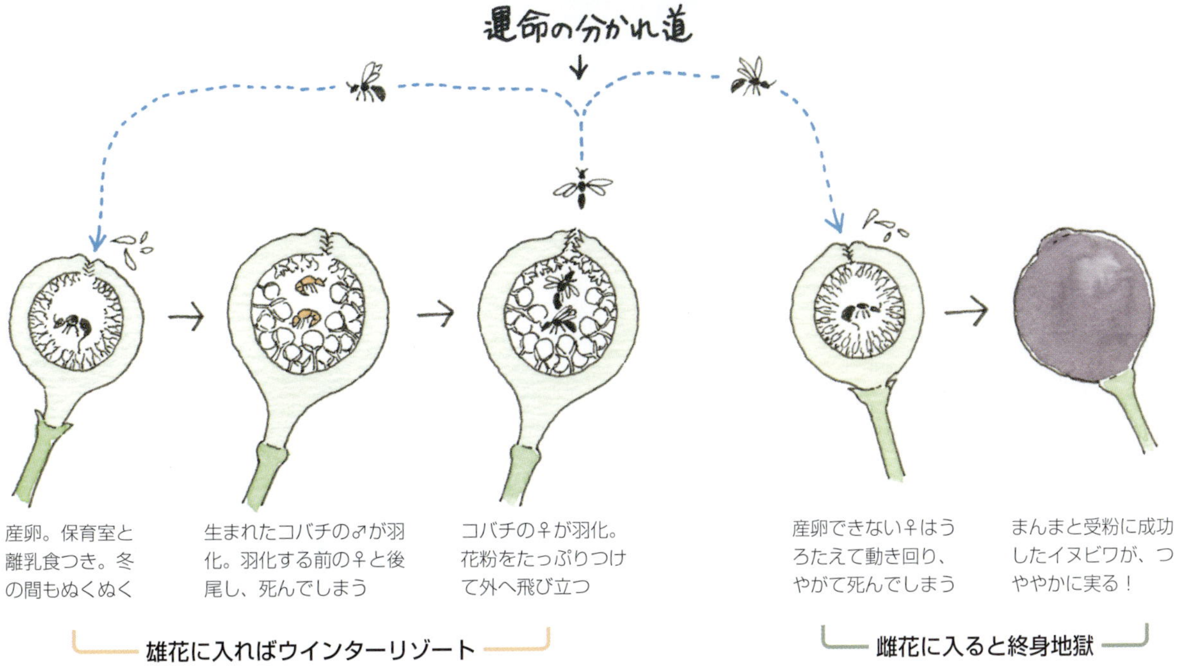

運命の分かれ道
産卵。保育室と離乳食つき。冬の間もぬくぬく
生まれたコバチの♂が羽化。羽化する前の♀と後尾し、死んでしまう
コバチの♀が羽化。花粉をたっぷりつけて外へ飛び立つ
産卵できない♀はうろたえて動き回り、やがて死んでしまう
まんまと受粉に成功したイヌビワが、つややかに実る！
雄花に入ればウインターリゾート
雌花に入ると終身地獄

の雄株の花嚢を借りて次世代を育てる。一方、イヌビワの雄株は、葉が落ちる冬の間も枝先に花嚢をつけ続け、幼虫の越冬場所を提供してイヌビワコバチの存続を助ける。

では、雌株の花嚢に入った雌バチは、どうなるか。彼女は産卵できない。雌花の雌しべは細く長く、産卵管を突き刺そうにも奥に届かないのだ。産卵場所を探して花嚢の中を迷い歩くうち、体につけて運んできた花粉が雌しべの柱頭につく。

こうしてイヌビワはまんまと受粉に成功する。受粉に貢献した雌バチは、しかし、自身の卵は腹に残したまま、雌花嚢の中で命を落とす。

すべてはこのためだった。保育室も離乳食

冬のイヌビワ　熱帯・亜熱帯性の常緑樹が多いイチジク属の中で、イヌビワは例外的に温帯に適応した落葉樹である。冬の寒さに備えて葉をことごとく落とすが、それでも雄株は枝先にイヌビワコバチの幼虫を庇護する「越冬花嚢」をつけ続ける

イヌビワの雌株に熟した実　イヌビワコバチが花粉を運んで受粉すると、雌の花嚢は秋につややかに黒く熟す。中には径１mmほどのタネが多数入っている。実は径2cmと小ぶりだが味はイチジク以上に甘く、生でもジャムにしても美味しい。ただし、熟したからには中に最低１匹（複数の可能性もある）の雌バチが入っているわけだが……。都会のど真ん中、幹線道路の街路樹の脇に大きな雌株が育っていた。東京では8月末に実が熟す。駒込・六義園近くにて

栽培イチジク　日本に植えられているイチジクは、受粉せずに実を結ぶ性質の栽培品種である。種なしブドウと同じように単為結実をし、その証拠に種子もない。熟した実の中にも虫は入っていないから安心して。

ちなみに外国から輸入されている乾燥イチジクの中には、食べると歯に小さなタネが当たるものもある。こちらは種子ができているわけだから、パートナーのコバチが花粉を運んだということ！とはいっても、イチジクだけを食べて育ったコバチなのだから、一緒に食べたって同じこと、と悟りを開けばいい！？

もウィンターリゾートも、すべては運の悪い犠牲者に花粉をうまく運ばせるための策略、偽りの親切だったのだ。

そして秋、イヌビワの雌株に実が熟す。黒紫色の実はとろりと蜜を滴らせ、口に含むとねっとり甘い。昆虫を操って実を結んだイヌビワは、今度は小鳥や動物を誘惑してわざと食べられ、種子を遠方に排泄させることで、子孫を残す企みを完結させるのだ。

イヌビワとイヌビワコバチは互いの存在なくしては生きられない。イヌビワはイヌビワコバチがいなければ実を結ぶことができず、イヌビワコバチもイヌビワがいなければ死に絶えてしまうのだ。

地球上に存在するイチジク属植物は700種余り、そのすべてがそれぞれの専属コバチと１対１の関係を結んでいる。

が、そんな運命共同体の間柄の中にも、無償の奉仕は存在しない。奉仕の陰で常に自らの利益を追求し、ときに代償は無為の死であった。

自らの利益のためにだけ生きよ。それが自然界の鉄則なのである。

イヌビワの仲間

もれなくコバチつき！

アコウ　熱帯や亜熱帯のイチジク属植物には、幹からじかに花が咲いたり実がつく（幹生花という）仲間も多い。アコウは紀伊半島、四国、九州、沖縄に自生し、枝にびっしりと花嚢をつける。株に雌雄はなく、径約1cmの花嚢の中には雄花、雌花、虫嬰花が一緒に入っている。沖縄本島にて

オオイタビの花嚢　イチジク属の常緑つる植物で、枝から気根を出してほかの木の幹や岩に張り付く。本州千葉県以西、四国、九州、沖縄から東南アジアにかけて広く分布し、庭にも植えられる。雌雄異株で、雌株の花嚢は長さ5cmほどと大きく、冬に熟すとぱっくり割れる。イチジクに似て甘くて美味。この花の花粉を運ぶのは、この木とだけパートナーシップを結んでいる別のコバチである。東京港野鳥公園にて（植栽）

毒にも薬にもなる花　毒草考

ヒガンバナの汚名

Lycoris radiata

秋の彼岸の頃、不意に出現する妖艶な赤い花
墓地に植えられ、不吉な別名が多く、
球根に恐ろしい毒を含む……
しかし、墓地に植えられたのは
合理的な意味があってのこと
ヒガンバナに対する誤解と偏見を検証する

神出鬼没の不思議な花

秋の彼岸の頃に忽然と現れて真っ赤に燃え立つと思えば、ふいと姿を消すヒガンバナ。毒を内に秘めた魔性の花である。

ヒガンバナ科の球根植物。もとは中国の植物で古い時代に日本に伝わった。人里近くに見られ、秋の訪れとともに川の土手や田のあぜで一斉に咲く。墓地に多いことから死人花（しびとばな）、仏典に伝わる赤い花の名から曼珠沙華（まんじゅしゃげ）と呼ばれることもある。華麗な花である。すっと伸びた茎の頂に集まって咲く花の花びらはくるりと反り返り、雄しべは絶妙の弧を描いて天を指す。

日本では普通、花は咲いても種子は実らない。もっぱら球根が分かれて繁殖する。中国から来たのが、染色体数が多すぎて正常に生殖できない**3倍体**の系統だったからだ。

球根にはほとんど移動能力がないので、各地に見られる野生状態もかつて人が移植した結果ということになる。

葉は花の時期にはなく、花が終わると伸びてきて秋から春まで濃い緑に茂る。ほかの草が枯れる時期を選んで葉を広げることで光を独占し、たっぷりとデンプンを球根に蓄えることができるというわけだ。

昔は飢饉のときにこの球根を食べて飢えをしのいだ。しかし、球根には猛毒の化学物質である**リコリン**が含まれ、砕いて水で充分さらしてデンプンを精製してから食べないと嘔吐や下痢、痙攣を起こし、ときには死亡する場合すらある。葉や花にも毒がある。

＊本文中の太字の用語については、巻末の「エライオソーム用語解説」に詳細な説明を付しました。

ヒガンバナ　日本のものは3倍体なので、花は咲いても実はできない。原産地の中国には、実ができる2倍体の系統もあるという

ヒガンバナに来たクロアゲハ　花にはアゲハの仲間がよく訪れる。本来はアゲハ類が花粉を運ぶ花なのだ

意外に身近な過激派たち

多くの植物はとげや苦い味や特有の化学物質を持つことで草食動物や昆虫から身を守っている。毒はさらに過激で強硬な防衛手段なのである。

猛毒で有名なトリカブトの毒は、**アルカロイド**の一種で**アコニチン**と呼ばれ、食べると激しい痙攣を起こして死に至る。この毒は「附子（ぶし）」と呼ばれ、昔は矢毒に使われた。数年前には殺人事件に使われて新聞やワイドショーで話題になったから、覚えている人も多いだろう。山菜とまちがえてみそ汁に入れて食べ、夫婦とも死亡したという例もある。

身近な園芸植物にも有毒植物は意外と多い。たとえばスイセン、スズラン、オモト、フクジュソウ、キョウチクトウ、アセビ、シ

ャクナゲ、カルミア、シキミ、エニシダ、ケマンソウ、エンジェルズトランペット（別名キダチチョウセンアサガオ）など。ジャガイモだって茎葉は有毒だ。

しかし、毒と頭は使いようで、有毒植物は重要な嗜好品や医薬品の原料にもなる。コーヒーの**カフェイン**、タバコの**ニコチン**、ケシの**モルヒネ**などはその好例。エニシダの毒は解熱および腎臓や肝臓の病気に、キョウチクトウの毒も強心剤に使われる。

トリカブトの毒も少量なら強精剤になるが、こんな話もあるからご用心。戦前、ある高名な植物学者はトリカブト根の乾燥粉末を強精剤として愛用していたが、あるとき徹夜で研究に励もうと2回分まとめて飲んだところ、そのまま天に召されてしまった。素人療法は禁物である。

❶スイセン　ヒガンバナ科で球根は同じくリコリンを含む。つい数年前もどこかの学校の課外活動でタマネギとまちがえてカレーに入れて食べ、教師や生徒が集団中毒する事件があった

❷ハシリドコロ　ナス科ハシリドコロ属の多年草。全体にアトロピン（アルカロイドの一種）などを含む。地下茎がヤマノイモ科のオニドコロに似ているのと、誤って食べると幻覚症状を起こして走り回るところからハシリドコロとか。地下茎を干したものはロート根と呼ばれ、薬用になる

❸キョウチクトウ　インド原産。全体に強心性配糖体を含み、強心剤の原料とされる。野外での芋煮会で、近くに生えていたキョウチクトウの枝で菜箸をつくって料理したところ、参加者が中毒を起こしたという例がある

❹キタダケトリカブト（紫色の花）　南アルプスの北岳山頂付近に生えるトリカブトの一種。トリカブト類は全草にアコニチンを含んで猛毒

❺アセビ　ツツジ科アセビ属の常緑低木で、全体に神経毒のアセボトキシン（アルカロイドの一種）を含む。紅花の品種もある

❻シャクナゲ　ツツジ科ツツジ属の常緑低木で、葉には呼吸中枢を阻害するアルカロイドの一種アンドロメドトキシンが含まれている

ヒガンバナの牽引根、ガンバル！

夏のヒガンバナの球根 夏の間は葉がないが、根は活動を続けている。球根の内部では冬の間に蓄えたデンプンをもとに花芽がつくられ、気温の低下を合図に一斉に伸び出す

ヒガンバナの災害保険

ところで、ヒガンバナが日本各地のあぜや土手に植え広められたのには、飢饉に備える**救荒植物**としての利用があったからだろうが、それ以外にもいくつか理由があるようだ。

球根は地表に頭を出してぎっしり並ぶ。増水などで土が流れて球根が浮くと、根はぐぐっと縮んで球根を引っ張り込む。これがあぜや土手の土どめの役目を果たすのだ。

球根の周囲には雑草があまり茂らない。最近になって、実際に球根からほかの植物の成長を妨げる特有の化学物質（**アレロパシー物質**）を出していることが判明した（114ページ参照）。

しかも夏の間は葉が枯れていて茂らない。これも農作業には好都合だ。では、墓地に多いのは？　彼岸の供花としての利用目的ももちろんあるが、それ以前に、土葬された遺体を猛毒の球根で覆うことで野獣から守ろうという昔の人の意図ではなかったか。

やはりヒガンバナは毒の存在を無視しては語れない。妖しく華麗なこの花に、ふと“魔性の女”を重ねてしまうのは私だけだろうか。

シロバナヒガンバナ　シロバナマンジュシャゲともいい、庭園などに植えられている。ヒガンバナの白花品ではなく、ヒガンバナと同属で黄色い花をつけるショウキランの間に生じた雑種とされる。花は咲いても実はできない。ヒガンバナに比べ、雌しべや雄しべは短い。2001年9月16日、向島百花園

植物 VS 昆虫の壮絶バトル！

ヘクソカズラの香り

Paederia scandens

愛らしい花に似合わぬ香りを身にまとう
ヘクソカズラの真意とは？
植物がはりめぐらせる知略の罠
それを逆手にとる昆虫たちの抜け目なさ
生存競争の遁走曲（フーガ）はどこまで続く……

乙女たちの化学防衛

残暑の街。線路際のフェンスでは、赤と白の釣り鐘の花が、つるいっぱいに咲いている。

愛らしい花だが、名は気の毒にも「屁糞葛」。そっと嗅ぐだけではわからないが、花や茎葉を指先で揉むと、おならに似た強烈なにおいが鼻をつく。野山や道端に多いアカネ科の**多年草**で、柔らかな毛の生えた茎で藪や垣根に巻きつく。

花の中心の赤をお灸（きゅう）の火と見立ててヤイトバナ（灸花）、花の形を若い娘の早乙女笠に見立ててサオトメバナ（早乙女花）など、優雅な名もなくはない。普通、多年草とされるが、つるの一部は年を経て木質化することもある。つるは強くしなやかなので、昔は柴を束ねるのに使われた。実の絞り汁はひびやあかぎれの民間薬にされた。

花期は８～９月。花筒の中には細い毛が密集している。花は確実に花粉を運んでくれるハチにだけ報酬の蜜を支払い、花粉や雌しべに触れずに蜜を「盗む」アリに対しては毛のバリケードで侵入を妨げるのだ。

こうして秋にはつぶらな実が金色に熟す。実は鳥が食べてタネを運ぶが、それほど人気（鳥気？）はないようで、冬になっても枯れたつるに残っている。

さて、悪臭の元凶は**メルカプタン**という揮発性のガスである。葉がちぎられたりして細胞が傷つくと、細胞中に含まれる**ペデロシド**という硫黄化合物が分解してメルカプタンを生じ、独特のにおいをまき散らすのだ。

＊本文中の太字の用語については、巻末の「エライオソーム用語解説」に詳細な説明を付しました。

ヘクソカズラの実　実は晩秋に金色に熟し、鳥が食べに来てくれるまで枯れたつるにしがみつく。実をつぶすと、やはりあのにおいが

ヘクソカズラの花　道端のフェンスや茂みにからみついて、夏の暑いさなかに愛らしい花をこぼれ咲かせる。早乙女花とも

このペデロシドという成分は、昆虫が嫌う成分（**忌避物質**）として機能する。ヘクソカズラはこれを植物全体に大量に蓄えているので、葉を食べたり茎の汁を吸ったりする虫もなかなか寄りつかない。外敵から身を守るための、ヘクソカズラの「化学防衛」である。

昆虫たちの化学利用

ところが、この無敵の防衛ラインをも打ち破る手強い敵が存在する。

ヘクソカズラヒゲナガアブラムシという長い名の小さな、しかし目立つピンク色をしたアブラムシは、平気でヘクソカズラの汁を吸うばかりか、ペデロシドを排泄も分解もせずにそのまま自分の体にため込んでしまう。食べた中から特定の成分だけを体内に蓄積（**選**

上：**ホシホウジャクの幼虫**　スズメガの仲間で、幼虫はヘクソカズラを食べる。だが、この虫の場合は毒を蓄積するのではなく、毒をうまく処理することで食草にしているらしい（詳しいことはまだわかっていない）。体色も背景に溶け込む保護色である。昆虫によって、毒への対処もさまざまだ

右：**ウマノスズクサの葉を食べるジャコウアゲハの幼虫**　ジャコウアゲハは、有毒植物ウマノスズクサを食べることにより、その毒を体内に蓄積し、自分自身も毒をもち鳥に食べられない。幼虫が派手なのも、毒であることを誇示する警戒色である

左：**チャイロハバチの幼虫**　幼虫は集団でヘクソカズラを食べ、鮮かな黄色い体色で目立つ。この虫もペデロシドを選択蓄積して集団で警戒色を強調していると想像されるが、未検証である

択蓄積）するのである。その結果、このアブラムシは多量のペデロシドを含んでとても「まずい」ので、**天敵**のテントウムシにも襲われずに済む。植物の防衛物質をちゃっかり自分の防衛に利用しているのである。

この虫の目立つ色彩は、自分がまずくて危険な存在であることを誇示する「**警戒色（警告色）**」である。まずい虫を食べて嫌な目にあった敵は、相手の特徴を覚えて次からはその虫を避けるようになるが、このとき目立つ色をしていた方が敵に与える印象が強烈で覚えられやすいのだ。スズメバチやスカンクの派手な体色も警戒色である。

よく似た関係は、ガガイモ科の植物トウワタと、北米産のマダラチョウ科の蝶であるオオカバマダラとの間にも存在する。強力な心臓毒で防衛するトウワタを、オオカバマダラの幼虫はむさぼり食い、毒を体に蓄えて成虫に持ち越す。幼虫も成虫も派手な警戒色をまとい、鳥も食べようとしない。この蝶には集団移動・集団越冬という特異な習性があるが、これも体に毒をもち、群れることで警戒色を強調する効果があるからこそ進化し得たはずである。

日本にもオオカバマダラの仲間がいる。南西諸島に分布するカバマダラとスジグロカバマダラで、どちらもトウワタなどのガガイモ科植物を食べて育つ。幼虫も成虫も毒を体に

オオカバマダラ　毒草のトウワタ（左下）を食草とする北米の華麗な蝶。毎年3800kmの長旅の末にカリフォルニアからメキシコにかけての山中に集結し、5000万羽もの大群で越冬する。この花はアワダチソウの一種。南西諸島にはオオカバマダラの変種とされるカバマダラおよびスジグロカバマダラ（右下）が分布しており、やはりガガイモ科植物を食草としてその毒を蓄積し、集団越冬をする

トウワタの花　オオカバマダラの食草がこれ。ガガイモ科に属し、有毒な乳液を含むので、英名はミルクウィード。花が美しいので庭にも植えられる

蓄えており、集団越冬する習性も同じである。おもしろいことに、南西諸島にはカバマダラに似たメスアカムラサキという蝶がいて、こちらはタテハチョウ科に属して無毒なのだが、色彩や模様ばかりか、ふわふわした飛び方までカバマダラにそっくり。つまりカバマダラを「**擬態**」して、捕食を免れているのである。虎の威を借る狐、といったところか。

ほかに選択蓄積の例としては、ウマノスズクサとジャコウアゲハ、リュウキュウウマノスズクサとベニモンアゲハ、アセビとヒョウモンエダシャクなどがある。そのいずれにも無毒の擬態種がいるのがおもしろい。昆虫の世界も奥が深い。

スジグロカバマダラ

トケイソウの一種に見る「擬態」
葉の柄の部分に虫の卵に似た黄色い突起が3個見える。青酸化合物の防衛を破ったドクチョウに対抗し、トケイソウの仲間は卵を擬態して産卵を妨害するべく進化を遂げた

軍拡は果てしなく……

ところで、植物の毒を打ち破る方法は、選択蓄積に限らない。昆虫によっては解毒機能を進化させたり、毒のある部位を巧妙に避けたり、合成に光を要するタイプの毒に対しては葉を巻いて毒を避けたりと、対応もさまざまである。

もしも、ほかに食べる虫がいない植物を独占できれば、競争のしがらみから抜け出ることができ、その虫は圧倒的に有利になるだろう。だから、植物が化学防衛を進化させれば、虫もその防衛を突破する手段を編み出そうとする。昆虫たちもまた、生きていくために必死なのだ。こうして、いたちごっこの「軍拡競争」は際限なくエスカレートしていく。

いまのところ、ヘクソカズラとアブラムシの対決は虫の側の勝ち、と見える。しかし、まだ勝負が終わったわけではない。

南米原産のトケイソウは、青酸化合物を含む葉を食べて毒を選択蓄積するドクチョウに対して、新たな防御機構を進化させている。ドクチョウの卵にそっくりな突起を葉柄につけたのだ。

産卵に訪れた母蝶は、すでに仲間のだれかが卵を産みつけたと勘違いし、産卵をあきらめて飛び去ってしまう。ドクチョウの幼虫は大食漢であるばかりでなく共食いの性質を持っているため、あとから孵化した幼虫には育つ見込みがまったくないからである。

トケイソウはチョウの卵を「擬態」しているわけだが、それも思えば不思議である。目の見えない植物が、どうやってチョウの卵を真似することができたのだろう……？

食べようとする虫と、食べられまいと身を守る植物。戦いは果てしなく続く。

オトシブミのゆりかご　葉を食べる昆虫は、もし毒などの防衛手段を持っていなければ鳥の絶好のエサになってしまう。こうした弱い立場の昆虫は、葉を巻いたり綴ったりして身を隠す。エゴノキの葉を食べるエゴツルクビオトシブミの幼虫も、母虫が葉を巻いてつくってくれた小さな揺りかごの内側から葉を食べて成長する

ヒペリクム　パーフォラツム　ヨーロッパ原産のオトギリソウ科の多年草で、北米に広く帰化している。花はきれいだが有毒植物で、ヒツジなどの家畜が食べると皮膚炎などを起こすため、ことに牧場関係者には嫌がられる雑草となっている。この毒成分は光が当たるとはじめて合成されるが、中にはこれを逆手に取り、若葉を巻いて光の当たらない内側の葉を食べることでうまく毒を免れる虫もいる。しかし天敵の存在も大切である。北米では現在、葉を食べる昆虫を導入することで、この「家畜の敵」の駆除が図られている

植物版　身を捨ててこそ……

オオバコの生きる道

Plantago asiatica

一見のどかな植物の世界も
じつは生存を賭した競争社会
ライバルたちとしのぎを削るか？
あえてドロップアウトし
新たな生き方を模索するか？
オオバコの選んだライフスタイルやいかに

たくましい雑草の代表

スポーツの秋。思い立って出かけた運動公園のグラウンドで、地べたに点々としがみついている緑の草の大半はオオバコだった。

町でも山でも、人や車に踏まれる場所でがんばる**多年草**。山で迷ったときも、運よくこの草に出会えれば、道は必ず人家へと通じている。漢字では「車前草（しゃぜんそう）」と書く。これはもともと中国での名称だが、車のわだちに好んで生えるこの草の性質をじつによく表している。

葉には並行する５本の丈夫な脈があり、踏みにじられても容易にはちぎれない。根も四方八方に広がり、横方向からの外力にも耐えて大地にがっちりしがみつく。踏まれ強いのは葉や根ばかりではない。「オオバコ相撲」で遊んだ記憶はないだろうか。花茎をからめて２人で引っぱり合い、ちぎれた方が負け。私も学校帰りの空地でよく遊んだ。昔ながらの子どもの遊びなのだが、いざ始めると大人でもけっこう熱くなる。この、しなやかで強い花茎の性質も、思えば絶えず踏まれる環境への適応である。

花茎には小さな花が集まり、たくさんの実ができる。実のひとつひとつはカプセルのような構造をしていて、熟して踏まれると上半分がぱかっと外れ、中からたくさんの種子が

＊本文中の太字の用語については、巻末の「エライオソーム用語解説」に詳細な説明を付しました。

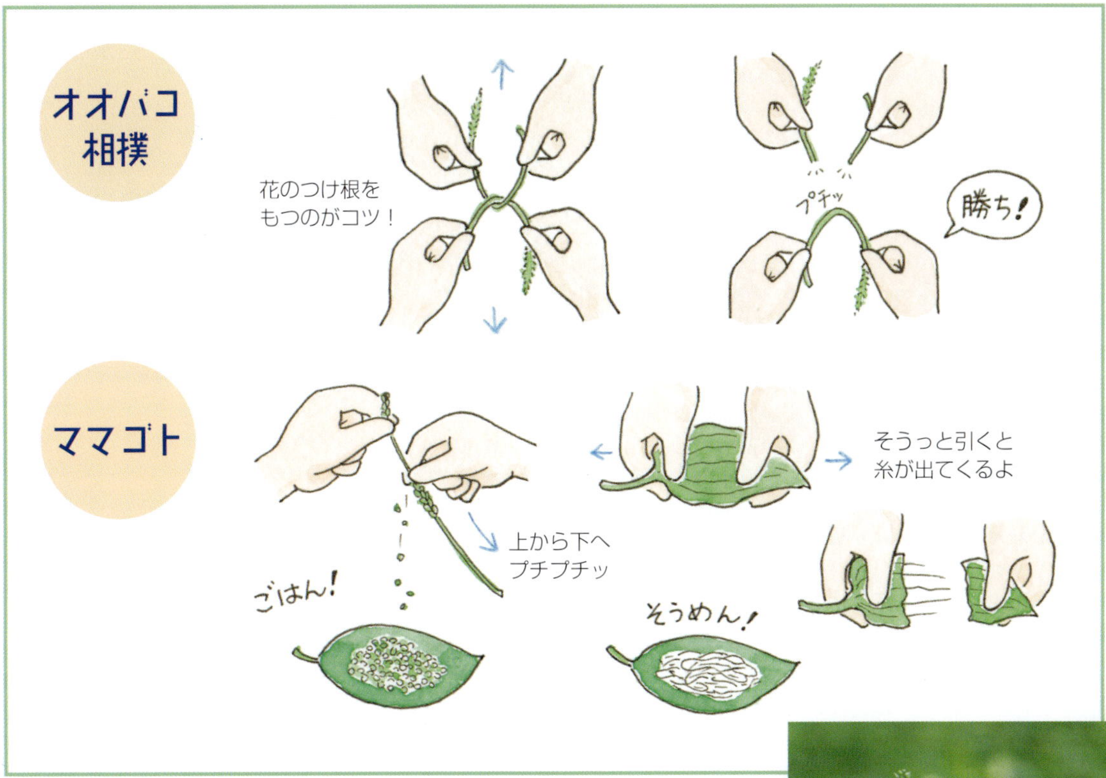
オオバコ
相撲
花のつけ根を
もつのがコツ！
プチッ
勝ち！
ママゴト
上から下へ
プチプチッ
ごはん！
そうっと引くと
糸が出てくるよ
そうめん！

こぼれ出る。種子は長さ2mm弱の平たい楕円形で、湿るとネバネバし、靴底やタイヤにへばりついて新天地に運ばれる。

踏まれてもへこたれないばかりか、逆に踏まれることを利用して生活圏を広げていく。雑草の逞しさの極致のようなオオバコにも、しかし、弱点はある。なにしろ背丈が低いので、ほかの植物に日光を奪われたらアウト、負けてしまうのだ。踏まれる場所に生えるのは、じつはそこしか生きられる場所がないから、という厳しい現実でもある。

でも、別の見方もできないだろうか。絶えず踏まれる厳しい環境は、いいかえれば、ほかの植物たちと競争せずに済む平和な世界。

オオバコ オオバコは草丈が低いので、草むらの中では負けてしまう。逆に地面が硬すぎても歯（葉？）が立たない。ほどよく踏まれる公園の芝生や田舎道は彼らの絶好の住みかである。小石川植物園の芝生

オオバコの雄の花(左)と雌の花(右)　花は、先に雌しべが伸び、雌しべがしおれる頃になって雄しべが出る。雌雄の器官の熟す時期が異なるのは、自分自身の花粉で受粉してしまう危険を避ける工夫である

オオバコの実と種子　熟した実は、踏まれると上半分がとんがり帽子のような形に外れ、中から種子が転がり出る。種子の外側は湿るとゼリー状に膨れ、靴底に粘りつく

競争社会を逃避して、文字どおり踏みつけられる道を選んだ、それがオオバコの生き方なのである。

雌雄の機能を使い分け

茎には小さな花が多数集まっている。だが花は花びらも持たず、色も地味で目立たない。花粉を風に運んでもらう「**風媒花**」なので、虫を惹きつける小道具も必要ないのである。やや紫がかった雄しべはちろちろと風に揺れて煙のように花粉を振り出し、花粉は風に乗って雌しべに達する。

よくよく見ると、花茎の上の方につく花は1本の白い雌しべを伸ばし、下の方につく花は4本の雄しべを突き出している。

じつは、上の方にあるのは咲き始めたばかりの花で、まず雌しべを出して花粉を受け入れる段階にある。花茎の下にいくほど咲いてから時間が経った花で、雌しべは役目を終えてすでにしおれ、代わって雄しべが熟して盛んに花粉を送り出す段階に入る。花は、咲くとまず雌しべを出し、あとから雄しべを出すことによって、性の機能を巧みに使い分けているのである。

性の成熟をずらすのは、同じ花の花粉で受精する、つまり近親交配を避けるために進化した機構である。ヒトもそうだが、近親交配をすると子孫に遺伝的欠陥が生じやすくなって、繁殖上、不利だからだ。

こうして、1本の花穂の上から順につぼみ、雌性期の花、雄性期の花、実、が並ぶことになる。雄の花の方が雌の花より下に位置するのも、同じ株の雌の花に花粉が降り注いでしまうことを避けるための工夫である。

目立たない小さな花にも、性転換の妙技や巧みな工夫が隠されている。人間だって、人生の途中で性を変えられたら、さぞおもしろいだろうに。

ヘラオオバコ　オオバコ科の近縁種で、空き地や道端などに生える。ヨーロッパ原産。葉は細長いヘラ状で、花茎は高さ50cmを越す。花が鉢巻状に咲く姿がおもしろい

ツボミオオバコ　別名タチオオバコ。北アメリカ原産の一年草で、全体に白い毛が密生する。日本には1913年に侵入し、現在は関東から沖縄まで広がって道端や芝地に群生する

こうしてオオバコは分布を広げる？

オオバコの種子の外皮には水分を含むと40倍にも膨張する粘液質の繊維成分が含まれている（写真上：右側が水分を含んで膨張した種子）。この性質を利用したダイエット食品もある。生薬としては「車前草」の名で、せき止めなどに用いられる

タネにも巧妙な仕掛けが

運動したあとのビールはうまい。秋は食欲の季節。涼しい風につい食べすぎれば、ダイエットの模索と実践（と挫折？）の日々が待っている。

ドラッグストアの陳列棚に「オオバコダイエット」なる商品を発見。説明書きには、外国産のオオバコの一種、プランタゴ オバタの種子の外皮の粉末で「80％以上が食物繊維で、水分を含むと約40倍に膨潤するので、満腹感が得られダイエットに役立つ」とある。

日本のオオバコをはじめ、オオバコ属の種子は外皮の部分にプランタザンという粘液質の繊維成分を含んでいる。

この成分には、多量の水を吸収してゼリー状に膨潤するおもしろい性質がある。最近の紙オムツと同様の原理だ。この、ゼリー状になった粘液質が接着剤の役目を果たすので、種子が靴やタイヤにくっついてうまく運ばれるというわけだ。

別の意味もある。粘液質に雨水をたっぷり吸い込んで蓄えておくことができるので、グラウンドや砂利道といった乾きやすい場所でも、幼い芽は干からびることなく育つのだ。

考えてみれば、人類が出現する以前は、種子の粘液質も乾燥への適応の意味しかなかったはずだ。それが、人間が森を切り開き、道をつくった時点で、オオバコは新たな天地を見いだして勢力を広げ、粘液質の用途も転換し、人類とともに分布を広げてきたのである。

踏まれ続けるオオバコの一生。でも、耐える代わりに競争社会を避け、逆手にとって種子を運ばせる。見事なまでに積極的な発想の転換ではないか。

やはり、逞しい雑草である。

オオバコの園芸品種‘アトロプルプレア’　オオバコにも園芸品種がある。これは葉が銅紅色のもの。葉が灰色のもの、黄や白の斑入りもある。トウオオバコやヘラオオバコにも園芸品種がある

ハクサンオオバコ　オオバコ属植物は世界に約260種あり、海岸、道端、湿地、高山など、多様な環境に適応進化している。ハクサンオオバコは本州中北部の高山の雪渓周辺に生育する

外来種が日本の自然に組み込まれるまで

セイタカアワダチソウ盛衰史

Solidago altissima

日本の秋を圧倒的に制覇した
帰化植物セイタカアワダチソウ
そのすさまじい繁殖力で
天下を取ったかに見えたのもつかの間
早くも衰退の兆しが……
いったい何が起こったのか？

黄金に塗り込められた秋

川面を渡る一陣の風。一斉にざわめく黄金の花の海。秋の陽に光り輝くように美しいこの花は、しかし、日本の自然に侵入したエイリアンである。

名はセイタカアワダチソウ（背高泡立草）。北米原産のキク科の**多年草**だ。明治年間に観賞用に輸入されたが、雑草として広がったのは戦後のことである。北九州に進駐した米軍の貨物に混じっていたタネから広がり始めたといわれている。晩秋に咲き、ミツバチの冬越し用の蜜源として有望なことから、養蜂業者が各地に植え広めたという説もある。

全国各地で爆発的に増えて広がったのは、昭和30～40年代である。いわゆる高度成長時代の産物として各地に出現した広大な造成地や工事現場は、セイタカアワダチソウにとってまたとない侵略基地を提供したのだ。高速道路や河川工事の延長に伴い、また交通網の発達に伴い、タネや地下茎は次々に新たな拠点に運ばれては、周辺地域を傘下に治めていった。

花が目立つのも、こうなると逆効果だ。誰の目にもその怪進撃ぶりは一目瞭然であり、一種の恐怖感さえ人々は覚えるようになった。九州地方では閉山した炭坑の跡が一面の黄色い花の海となり、だれからともなく「閉山草」と呼ばれるようになった。いまでは嫌われ者の雑草の代表格として、道端や空き地、

＊本文中の太字の用語については、巻末の「エライオソーム用語解説」に詳細な説明を付しました。

晩秋の野原を一面に黄色く染めて咲くセイタカアワダチソウ。北米原産のキク科ソリダゴ属の多年草

河川敷、埋め立て地、休耕田など、全国至るところに大群落をなしている。

同じ年代に花粉アレルギーの患者も激増し、その犯人として名指しされたためにセイタカアワダチソウはますます嫌われた。だが、それは冤罪。目立つこの花は**虫媒花**（花粉が虫によって運ばれる花）であり、花粉は虫の体に付着するべく粘りがあって、風が吹いてもあまり飛ばされないからだ。現在も**蜜源植物**として利用されている。

それにしても、繁殖力の強さは脅威的。ひとたび根づけば地下茎を縦横に長く伸ばしてたちまち広がり、林立する茎の数は年々50倍もの倍々ゲームで増えていく。乾燥にも強く、やせた土地でもよく育つ。

タネからの繁殖力もすさまじい。１本の茎がつくるタネはじつに40,000個。タネには白い**冠毛**があり、風で広範囲にばらまかれる。アワダチソウの名も、無数の白いタネがまるでビールの泡のように盛り上がって見えることに由来する。

こうしてセイタカアワダチソウは、ついに日本の秋の覇者となったのである。

競争相手に化学攻撃！

怪進撃の背景には、驚くべき事実があった。セイタカアワダチソウのまわりの土を植木鉢に入れて、ほかの草を植えたりタネを蒔いてみたりすると、なぜかうまく育たなかったのだ。調べてみると、地下茎や根はある特殊な

アレロパシーで攻撃

セイタカアワダチソウの武器は「シス・デヒドロマトリカリア・エステル（DME）」という物質だ。DMEは土に浸透し、ススキなどライバル植物の発芽を妨げる

どーだ
入ってこれない
だろー
ここは オレさまたち
だけの場所
なのさ

化学物質をつくって土壌中に放出しており、これがススキやブタクサなど、周囲の植物の発芽や生育を妨げていることがわかった。

「**アレロパシー（他感作用）**」と呼ぶ現象である。植物が特殊な化学物質（**アレロパシー物質**）を出して、ほかの植物の生育をコントロールしているのだ。さらに調べてみると、セイタカアワダチソウのほかにも多くの身近な植物がそれぞれ独自に「化学兵器」を装備している実態もわかってきた。たとえば、イチョウ、ヒマラヤスギ、ヒガンバナ、ヒマワリ、……。

競争相手は化学兵器で打ち負かせ。私たちに心の安らぎを与える植物たちも、彼ら自身は熾烈で冷酷な化学戦争を繰り広げているのである。

アレロパシー植物を農業に利用しようという考えもある。たとえば、雑草の発芽を抑制する物質を出すアレロパシー植物をあらかじめ畑の土に鋤き込んでおけば、人体や生態系に有害な除草剤を使うことなく、雑草の発生を抑えることができるだろう。

また、現在は多くの畑で雑草の発生を抑えるためにうねにビニールシートを敷いているが、その代わりにアレロパシー植物を敷き藁に用いれば、ゴミの減量になるだけでなく、鋤き込んで有機肥料にもなる。アレロパシー植物を果樹園の下草に利用する試みは、すでに各地で実行に移されている。

アレロパシーは、必ずしも阻害的に働くとは限らない。マメ科のつる植物で南方系の野菜でもあるハッショウマメとイネ科のトウモ

セイタカアワダチソウ　アレロパシー物質でほかの植物の発芽や生育を阻止しながら、タネや地下茎で旺盛に繁殖する。高度成長時代に日本各地に広がった

ヒガンバナのアレロパシー　ヒガンバナの球根のまわりにも、あまり雑草が生えない。強力なアレロパシー物質を出しているからである

ロコシを並べて植えると、トウモロコシの生育が促進されるというのだ。

どうして？　つる植物という立場からすれば、まきつく相手がよく育つほど自分も高くよじ登れる。相手を育てて自分も育つ。なるほど、じつに合理的である。このように相手の成長を促進するアレロパシー植物は「**共栄植物**」とも呼ばれ、これまた農業の新しい手法として注目されている。

天敵の不在、そして……

外国から来て日本で爆発的に増えた帰化生物の例は枚挙に暇がない。植物ではセイヨウタンポポ、クローバー、ハルジオン、ホテイアオイ……。動物ではアメリカザリガニ、ウシガエル、魚のブラックバス、沖縄に帰化し

アキノキリンソウ　同じキク科ソリダゴ属の日本在来種。秋の野山に咲き、小型で愛らしい。妖精のたいまつを思わせる黄色の花穂が高原のシラカバ林に点々と咲いていた。北軽井沢にて

エイリアンと天敵の増減関係図

天敵を導入すると、害虫と天敵は交互に増減を繰り返しながら、次第に低い発生レベルに収まっていく。人はかつて大量の農薬で害虫を全滅させようとしたが、その結果、害虫に薬剤抵抗性を生じさせ、自身も薬害をこうむった。天敵を用いる農業は、害虫と天敵と人が折り合って生きる未来につながるのかもしれない

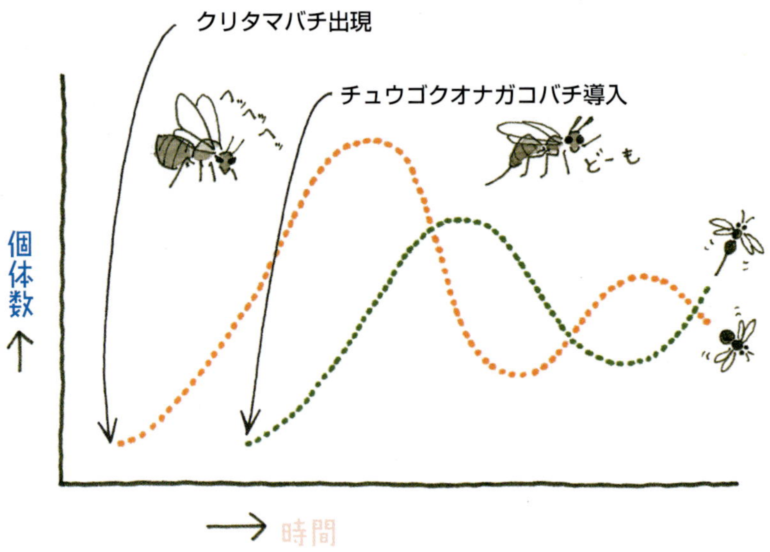

クリタマバチに
産卵されたクリの芽

たマングース……。昆虫でも、アメリカシロヒトリ、アオマツムシ、ウリミバエ、ヤノネカイガラムシなど、果樹や作物の害虫が次々と外国から入ってくる。

なぜ、外国から来た生物は大発生を起こしやすいのだろう。最大の原因は、**天敵**の不在である。クリタマバチを例に説明しよう。岡山県で1941年に発見されたのを皮切りに、たちまち日本全国に広がったクリの害虫である。この虫がクリの芽に産卵すると虫こぶができ、クリの生育が阻害される。クリタマバチがもともと生息していた中国では、日本のような大発生は見られなかった。天敵の存在によって、数が適度に抑えられていたからである。

クリタマバチの**天敵**は寄生バチの一種で、チュウゴクオナガコバチといい、虫こぶの中にいるクリタマバチの幼虫に卵を産んでこれを食い殺して育つ。クリタマバチの被害が拡大するに及んで、防除のためにチュウゴクオナガコバチが導入された。小さな天敵は大きな成果を挙げ、定着した地域ではクリタマバチの被害が激減した。

天敵が病原体である場合もある。どちらの場合でも、天敵の存在下では発生が抑えられていたものが、天敵を欠く新天地では無制限に増えてしまうのだ。

日本のセイタカアワダチソウにも天敵がいなかった。でも、未開拓の豊富なエサ資源を放っておく手はない。ほとんど病気も虫食いもなかったこの草にも、最近はウドンコ病や蛾の幼虫による葉の食害が目につくようにな

セイタカアワダチソウのサビ病　病気も天敵になる。ことに植物にとって、カビやウイルスは恐ろしい敵。このセイタカアワダチソウには、葉にサビ病と思われる黄色い病変が見られた。病気が進むと植物の生育は衰え、花や種子の数が減ったり、場合によっては枯死することもある

っている。

セイタカアワダチソウの天下にも最近はかげりが見えてきたという。自分が出したアレロパシー物質で自身の発芽も抑えられる性質があるため、ひとたびアレロパシー物質に「汚染」された土壌には新たに芽を出すことができない。それで分布を拡大できなくなったのだともいうが、天敵の出現も大きいだろう。

アレルギーにアレロパシー。虚実入り乱れて世間を騒がせたスーパーエイリアンも、虫がつけば魔が落ちる。

押しの強い目立ちたがりやの新人も、頭の上がらない上司が出現してやっと会社組織になじむように、セイタカアワダチソウもようやく日本の自然の一部として生態系に組み込まれつつあるのかもしれない。

葉を丸坊主にされたセイタカアワダチソウ　セイタカアワダチソウの天下にも最近はかげりが見えてきた。この株も茎の下半分が虫に食われて丸坊主だった。ヨトウガの一種の幼虫による食害らしい。新しい未開拓の「餌資源」に目を向けた昆虫が出現したようだ。埼玉県さいたま市にて

華麗に装う、そのわけは？

カエデが色めき立つとき

Acer spp.

とりどりの色を撚(よ)り合わせ
精妙な錦の刺繍を縫い上げるカエデ
葉の形もバラエティーに富み
紅葉色の素材も思い思い……
まさに絢爛たる秋の芸術展
わざわざ私たちのために？

紅葉の代表的存在

秋も深まると、大陸高気圧は日に日にその勢力を増す。いよいよ冬将軍のお出ましだ。先陣部隊の北風はヒューヒューと軍笛を吹き鳴らし、木々の梢に赤や黄の旗印を掲げる。

燃え立つ木々の彩りは、冬を告げるファンファーレでもあると同時に、去りゆく秋へのオマージュでもある。ブナ、ミズナラ、ミズキ、ケヤキ……。移りゆく季節を受け入れて、木々はとりどりに旅出の装束をまとう。

紅葉前線の精鋭部隊はカエデたちだ。カエデ属は世界に約150種、日本には26種がある。葉の形は掌状に切れ込むもの（イロハカエデなど大多数）、複葉のもの（メグスリノキ、ミツデカエデ）、まったく切れ込まないもの（ヒトツバカエデ 、チドリノキなど）とさまざまだが、どれも葉が2枚ずつ枝に向き合ってつく、つまり対生する点は共通だ。

カエデという名は、掌状に裂けた葉を「蛙の手」と呼んだのがカエデに変化したという。掌状に裂けた葉には、風や雨の抵抗を受け流し、葉の表面に溜まる水のはけをよくする効果がある。葉が裂けないヒトツバカエデやチドリノキでは、その代わりに葉脈部分を深い溝状にして排水効果を高めている。

庭や公園の樹木としても、カエデ類は身近な存在だ。江戸時代以降、イロハモミジ、オオモミジ、ヤマモミジを中心に多くの園芸品種がつくられている。中国原産のトウカエデ

＊本文中の太字の用語については、巻末の「エライオソーム用語解説」に詳細な説明を付しました。

ノルウェーカエデ　ヨーロッパから小アジア原産のカエデで、5深裂する大きくて光沢のある葉を持ち、30m近い大木になる。遠くから離れて大木を見ると、まるでプラタナスのよう。しかし、欧米ではカエデといえば、もっぱらこのタイプが一般的で、園芸品種も多く、街路樹や緑陰樹、庭木にと多用されている。別名ヨーロッパカエデ

メグスリノキの紅葉　カエデの仲間だが、葉は3小葉からなる三出複葉。しばらく前には樹皮が目薬の原料になるというのでブームになり、各地で樹皮がはがされたり切り倒されたりした。医薬が進歩してもなお人は噂半分の伝聞に踊らされる。健康ブームの被害に遭う植物の何と多いことだろう

のように街路樹としてポピュラーな種類もある。アメリカの街では街路樹として夏も葉が暗紫色のカエデ（ノルウェーカエデの園芸品種‘ゴールズワース パープル’）が植えられており、その特異な葉の色には驚かされた。

カエデ類は**樹液**の糖度が高いことでも知られる。北米産のサトウカエデ では、早春の時期には蔗糖濃度が２％～最高10％にも達し、煮詰めてメープルシロップやメープルシュガーをつくる。

アメリカのニュージャージーに住んでいたとき、アパートの窓の外にこのサトウカエデがあり、２月頃には日に何回もハイイロリスが来ては、幹の傷から流れ出る樹液を、いかにも、「美味しい♥」という顔でなめていた。

サトウカエデの樹液をなめるハイイロリス　カエデの樹液はとても甘い。そのことをリスもちゃんと知っている

ウリハダカエデの花　ウリハダカエデは雌雄異株。この木は雄花をつけている。
ところが最近、性転換の事実がわかった。来春は雌雄どちらの花が咲くのだろう

日本でもベニイタヤやイタヤカエデからはシロップをつくることが可能だという。

年によって性転換？

カエデ類の花は春に咲く。あまり目立たない種類が多いが、ハナノキ（愛知・岐阜・長野の一部に稀産する）は葉が出る前の枝に赤い花を点々と咲かせて美しく、最近は公園などにも植えられるようになった。

イロハカエデなど大半の種類は、１本の木に雄花と雌花の双方を咲かせる。だが中にはウリハダカエデのように、株によって雌花と雄花のどちらかだけをつける**雌雄異株**の種類もある。ウリハダカエデの雌雄は、ほかの多くの雌雄異株植物（175～176ページ参照）と同じように、遺伝的に決まっているものと長らく思われていた。

ところが最近、ウリハダカエデやホソエカエデでは、ある年は雄花だけをつけ、次の年は雌花だけをつけるというように、雄から雌、あるいは雌から雄へと、年によって「性転換」をするという事実がわかってきた。性の決定や転換の仕組みはまだ明らかではない。観察例の中には、ずっと雄として生きてきた木がある年を境に雌に変わり、挙句たくさんの実をならせて負担が増したら木が枯れてしまった、なんていうのもある。

性転換とはまた思い切ったものだが、決行したあとに予想外の苦労が待っているのは、植物も同じ、ということらしい。

イロハカエデの紅葉　最近はヒートアイランド化現象によって夜間の冷え込みが弱くなったため、大都市では美しく紅葉しないことが多い。写真は1996年。この年は珍しく美しい紅葉が見られた。東京都・六義園にて

秋に葉が赤くなるわけ

ところで、葉はなぜ秋に赤く変わるのだろう。秋が深まって気温が低下すると、根の活動はおとろえ、吸水能力も弱まってくる。一方で気温の低下に伴い空気は乾いてくるので、葉の水分は**蒸散**しやすくなる。

植物体内の水分が急激に失われはじめる難局において、**落葉樹**は葉を維持することをあきらめ、葉を落とすことによって低温と乾燥の期間を乗り切ろうとする。そこで植物は葉の柄の部分に**離層**組織を形成し、水の流れを遮断する。

離層は養分の流れも同時に止める。水や養分の供給が絶たれても、葉はなおしばらくは**光合成**を続ける。だが葉でつくられた糖分は離層によって移動を阻まれ、ひたすら葉にたまる。この余剰の糖分から、赤い色素である**アントシアン**が合成されてくる。

数日のうちに、葉の生産工場である葉緑体はしだいにその操業を停止する。葉緑体は次々に解体され、緑色の色素である**クロロフィル**は徐々に分解されて消滅する。こうして緑が消えるとアントシアンの赤が鮮やかに現れ、カエデの葉は赤くなる。

紅葉が最も美しくなる条件がある。それは、日中よく晴れて温度が上がり、夜に急に冷え込んで湿度が高いときである。葉が盛んに光合成して糖がたくさんたまったところで急速に離層ができるので、アントシアンの量が多

エノキの黄葉　ニレ科の落葉樹で、秋には美しく黄葉する。見事な黄葉になるのは、葉緑体に含まれているカロチノイドの色が現れたからである。エノキは昔から一里塚によく植えられ、こんもりした樹冠の下に旅人たちをもてなした。黄葉と同時期に実がオレンジ色に熟す。この実は鳥の好物だが、人間が食べても甘く、きっと旅人も口にしたことだろう

くなり、鮮やかさが増すのだ。

残念なことに、大都市周辺では鮮やかな紅葉がなかなか見られない。排気ガスで葉がすすけていることに加え、いわゆるヒートアイランド化現象によって夜間の冷え込みが弱くなったため、美しく紅葉しなくなってしまったのだ。本来であれば真っ赤に紅葉するはずのトウカエデも、都会の街路樹では黄褐色のまま散ってしまうことが多い。

赤くなる前に、葉が一時的に黄色く染まる時期があるが、これはクロロフィルとともに葉緑体に含まれていた**カロチノイド**（光合成を助ける**アンテナ色素**として働いている）の色である。葉緑体が解体される際、普通はカロチノイドよりクロロフィルの分解の方が早く進むので、一時的にカロチノイドの黄色が現れるというわけだ。

イチョウやエノキのように葉にアントシアンがつくられない樹木もある。この場合はカロチノイドの黄色だけが鮮やかに現れるので、見事な黄葉となる。

草にも葉が美しく色づくものがある。いわゆる**草紅葉**（くさもみじ）で、多くの場合はアントシアンやカロチノイドによって生じるが、それ以外の色素を持っている植物もある。たとえば、ヨウシュヤマゴボウやアカザの葉は透けるような真紅に色づくが、これは**ベタレイン**という色素の色である。

植物たちは、まるで魔法のパレットのように色素を混ぜ合わせたり、自分だけの秘密の絵の具を溶き伸ばしたりして、晩秋の野山を微妙な色合いに染め分けるのだ。

カナメモチの新芽　カナメモチは、日本から東アジアにかけて分布するバラ科の常緑樹。真っ赤な新芽（若葉）が美しいので、日本では生け垣でおなじみ、海外でも広く栽培されている。新芽の細胞はアントシアンを含み、有害な紫外線をカットして内部を保護し、葉温を上げて成長を促進する

テイカカズラの紅葉　紅葉は落葉樹の専売特許とも限らない。テイカカズラはつる性の常緑樹だが、春に新葉が開くと同時に古い葉は紅葉して散る。クスノキも春に前年の葉が一斉に紅葉する。カクレミノの古い葉は春から秋まで次々と黄葉して散る

紅葉の効用

葉を赤く染めることに、何か意味はあるのだろうか。

紅葉する過程で、アントシアンは葉内に余った糖のはけ口として合成されてくる。でも、それは生理学的な観点であって、生態学的に見てみれば思いもかけない積極的な意味があるのかもしれない。

たとえば、ナンキンハゼ の葉も透けるように赤く色づいて美しい。紅葉したナンキンハゼの木には、ヒヨドリやムクドリなどの鳥が集まってくる。油脂分を多く含んで栄養価の高い実が、紅葉のまにまに熟しているからである。

一般に赤い色は鳥の目を惹くので、鳥に食

ヨウシュヤマゴボウの紅葉　ヨウシュヤマゴボウはヤマボゴウ科の一年草。赤紫色の実は色素のベタレインを含み、果汁はインク代わりになるが、有毒。葉も晩秋にはベタレインが発色して赤く染まる

ハゼノキの紅葉　カエデより一足早く紅葉し、同じ時期に実も熟す。実は皮の部分にロウ分を多量に含み、カラスやムクドリにとってよい食糧。昔はこの木からロウを採り、ろうそくをつくった

べてもらいたい実は赤い色をしていることが多い（150ページ参照）が、ナンキンハゼの実は茶色くてちっとも目立たない。もしや、ナンキンハゼは赤く色づいた葉をレストランの看板に活用して鳥の目を惹き、実を食べてもらおうとしているのではあるまいか。

葉が真っ赤に色づくハゼノキやヤマウルシも、やはり紅葉と同時期に地味な褐色の実をつける。ニシキギやハナミズキは実も赤いが、葉も真っ赤に色づいてさらに遠くからでもよく目立つ。

カエデのタネには翼があり、２個が向き合ってプロペラのように枝についている。このタネは風によって運ばれるので、鳥を呼ぶ意味はないように思える。だが、鳥の研究者によれば、シメやウソなどの鳥がタネを食べに来ているという。さらに、鳥がカエデのタネの一端をくわえてぐいっと枝からもぎ取るとき、反動で対をなすタネが枝から離れて飛び立ち、くるくると回転しながら風に乗るというのだ！　カエデの葉が赤いのにも、ナンキンハゼと同じように鳥を呼ぶ意味があるのかもしれない。

新芽が赤い植物もある。カナメモチやアカメガシワの若葉は表層細胞にアントシアンを含んで赤いが、赤い新芽には有害な紫外線を吸収して未発達な葉の細胞を保護する意味がある。光の吸収が高まるので葉温が上がり、成長が促進されるという効果もある。

薄暗い林床に生える植物の中には、葉の裏側が赤や紫を帯びているものある。熱帯性の観葉植物にもそのタイプのものは多い。生理

チドリノキ　葉が細長く、しかも掌状に裂けない、カエデらしくないカエデ。しかし、プロペラつきのタネを見ればカエデの仲間とすぐわかる。カバノキ科のサワシバやクマシデによく似ているが、カエデ科のチドリノキだけは葉が対生する。名は、実を千鳥の飛ぶ姿に見立てたもの。葉は秋に黄葉する

ヒトツバカエデ（マルバカエデ）の葉と実　葉はハート型でおよそカエデらしくないが、実を見ると確かにカエデ属。花序や若い果序（実のついた枝）は上向きに立つが、実が熟す頃には下向きに垂れる。山の沢沿いに生え、葉は秋に鮮やかな黄に染まる

ヤマモミジのタネ　葉がすっかり散ると、タネは風に乗って旅に出る。プロペラそっくりの翼をつけ、タネはくるくると回転しながら空高く舞い上がる。まるでヘリコプターのように

的な機構はまだ明らかにされていないが、光合成能力を引き上げるように働く何らかの効果があるものと考えられている。

花の存在を引き立たせるために赤く染まる葉もある。ポインセチアは花期が近づくと葉を赤く染め、それ自体はたいして目立たない花の存在を広くアピールする。一方で、**食虫植物**のハエトリグサやウツボカズラの仲間には、捕虫葉を赤く色づかせ、花のように装って虫をおびき寄せる種類もある。紅葉の効用(!?)もいろいろである。

タネはヘリコプター

さらに季節は進み、冬将軍は本格的に木枯らし軍団を繰り出してくる。残っていた葉もことごとく吹き飛ばされ、一面に散り敷いて絨毯のよう。

葉に混じって、くるくるとカエデのタネも飛んでいく。回転翼をつけたタネは、まるでヘリコプターのように空を舞う。このタネは巧みに風をとらえて上昇することもできるので、マンションのベランダやビルの屋上で見つけることがある。

上昇力の秘密は、タネの表面に走る何本もの細い隆起にある。絶妙の隆起は空気の流れを整え、下方に働く力を発生させて上昇力を生み出す。小さなタネにも、流体力学を駆使した見事な造形が施されている。

一瞬の炎に燃え立つ季節。最後の輝きを残して、木々は葉を落とす。これから長い冬に向けて、木々は静かな眠りにつく。

おしゃれな観葉植物の本性

絞殺魔ガジュマル

Ficus retusa

観葉植物としておなじみのガジュマル
さわやかに心を癒すその姿は、
世を忍ぶ仮の姿だったのか？
故郷の熱帯ジャングルでは
彼らは凶暴な野生をむき出しにする
観葉植物の知られざる素顔を暴く！

原始の森は下剋上

陽だまりの喫茶店。挽きたてのコーヒーの香り。窓辺に置かれた観葉植物たちが、心地よい午後のひとときを演出する。

室内観葉植物たちの故郷、それは亜熱帯や熱帯のジャングルである。鳥や獣の声がこだまする深い緑の森、滝のように激しいスコール、そして驟雨がすぎたあとに立ち上る水蒸気と虹色にきらめく水の雫……。そんな原始の森で、しかし、彼らが鉢植えの姿からは想像もつかない凶暴な野性を見せることを、いったい何人が知っているだろうか。

ジャングルは厳しい競争社会である。植物たちは光をめぐって熾烈な戦いに明け暮れている。木々は光を求めて競争で幹を伸ばし、東南アジアの熱帯林ではしばしば60mを越すまでにそびえ立つ。高みに達して葉を広げた木だけが、森の勝利者となれるのだ。

ところが、中には策略をめぐらして王座を奪い取り、光の王冠を頭上に戴こうと企む植物たちがいる。たとえば、ガジュマル。クワ科イチジク属の**常緑樹**で、幹から**気根**を垂らして巨木に育つ。日本では屋久島以南に自生し、沖縄では街によく植えられている。同じ属の観葉植物にベンジャミン（フィカス ベンジャミナ）、インドゴムノキ、ベンガルボダイジュ（英名バニヤンツリー）などがある。

＊本文中の太字の用語については、巻末の「エライオソーム用語解説」に詳細な説明を付しました。

ガジュマル　枝の途中から多数の太い気根が垂れて株が横に広がるので、1株が森に見える。ほかの木の上でタネが芽生えて育つと、最後は土台の木を絞め殺してしまう。屋久島にて

黄金葉ガジュマルの生垣　ガジュマルの葉は広卵形で長さ5〜7cm、肉厚で光沢がある。葉にはいろいろな変異があり、写真のように黄緑色の葉をつけるものもある。また、ガジュマルは南西諸島では、防風林、防潮林、垣根、緑陰樹などによく利用されている

絞め殺し植物の育ち方

鳥の糞からタネが
小さな芽を出して
最初はちょっぴり
気根を伸ばして……
う〜んと伸ばして、
土台に届くと枝葉
が伸び始める
どんどんからまって、
気根が幹を絞めつける
あれ？　元の木がいない！
土台の木が枯れて、気根と
枝葉がカゴ状に残る

ひさしを借りて……

じつは彼らの正体は、ほかの木を土台に利用してその上で成長し、挙句の果てに木をがんじがらめに絞めつけて枯らしてしまう「**絞め殺し植物**」なのである。

ほかの木の上で育つ仕組みはこうだ。

ガジュマルの実はイチジクを小型にしたような形で甘く、鳥が食べてタネをほかの木の上に運ぶ。運よく木のまたなどに落ちたタネは、そこで芽を出すと、すぐさま細い気根を垂らし始める。降水量の多い亜熱帯の森では、根が地面に届いていなくても、気根からたっぷりと雨水を吸収して何とか育つことができるのだ。とはいえ、雨水に含まれる栄養分は乏しいので、幼木の成長は遅々として、なかなか大きくなれない。

まるで芥川龍之介の「蜘蛛の糸」のように、細い気根はとうとう地面に届く。これでやっと幼木も土から養分をとれる。幼木は急速に成長して枝葉をぐんぐん広げ、気根の数も太さもどんどん増して、土台となった木の幹をまるで網の目のように取り囲むようになる。

「ひさしを貸して母屋を取られる」というが、ガジュマルも土台に貸してもらった木に覆いかぶさるようにして枝葉を広げ、やがて太い気根で幹をきつく絞めつけて成長を妨げるようになる。

土台にされた木は悲惨である。葉は光を遮られ、幹は気根で縛られて次第に生育が衰え、

ガジュマルの気根　高い枝から多数の細い気根が垂れ下がる。気根はやがて地面に届いて水や養分を吸収し、太く育って枝を支える柱となる

ついには完全に「絞め殺されて」しまうのだから。土台の木が枯れたあとの空洞を、ガジュマルの気根が籠(かご)のようにすっぽりと包み込む。

　亜熱帯の森では、イチジク属の植物のほかにも観葉植物のホンコンカポック（いわゆるカポックのこと。ウコギ科に属し、標準和名はその名もヤドリフカノキという）やヤマグルマ（ヤマグルマ科）も同様に絞め殺し植物となる。ただし、ガジュマルもホンコンカポックもヤマグルマも、タネが地面に落ちれば普通の木と同じように育つ。たとえば、ヤマグルマは屋久島の亜熱帯林ではよく絞め殺し植物になっているが、本州の山では普通に地面から生えている。

屋久島・栗生神社のガジュマル　この写真から木の大きさがわかっていただけると思う

ポトス（観葉植物としての姿）　熱帯アジア原産のサトイモ科植物。斑入り、ライム種などの園芸品種があり、観葉植物として広く栽培されている

踏み台を探すポトス

ハート型の葉が美しいポトスの仲間も、故郷の熱帯ジャングルでは巧妙な策略者だ。

じつは、私たちが見知っているのは彼らの生活のほんの一部にすぎない。ハート型の「**幼葉**（ようよう）（幼い時期につける葉）」をつけた若いつるが、よじ登る木を探してジャングルをさまよっているときの姿なのだ。

うまく立ち木を見つけると、ポトスは木の幹に根を這わせ、光に満ちた高みへとよじ登りはじめる。ポトスの気根には吸着力があり、ほかの木の幹にぺったりと貼りつく。どんな植物でも、直立した頑丈な茎をつくるには相当のコストがかかる。ポトスはほかの植物を踏み台にして高みに達し、コストを節約して光を得る作戦なのだ。

つるが樹上に伸びて葉に光が当たるようになるとポトスは成熟し、大きさや形をがらりと変えて今度は「**成葉**（せいよう）（成熟した時期につける葉）」を出すようになる。成葉は長さ50cmにもなり、大きな穴や不規則な切れ込みが生じる。

一般に、水さえ豊かなら、葉は大きい方が生産効率が高い。だが大きな葉は熱帯の強い雨に打たれれば破れやすいというデメリットもある。そこで、ポトスの葉は穴や切れ込みをつくって雨の力を巧みにかわすのである。

この穴は、葉が育つにつれてその部分の細胞が「自殺」することで生じる。遺伝子に細胞の自殺プログラムが組み込まれているのだ。一般に「**計画細胞死**」とか「**アポトーシス**」と呼ばれる現象である。動物ではオタマジャクシの尾が消えるときなどに起こる。

ポトス（野生の姿）　つるは木の幹をよじ登り、成熟すると葉が巨大化する。ハワイには元来はつる植物は存在しなかったので、木々はつる植物に対する防御機構を発達させておらず、人の手によってポトスが持ち込まれると、たちまち木々はポトスによじ登られてしまった。いまではハワイ諸島はポトスの天下になってしまい、森のあちこちでポトスの類が野生化して茂っている。オアフ島

モンステラ　中米の熱帯雨林を故郷とするサトイモ科のつる植物。日本では蓬莱蕉（ほうらいしょう）とも呼び、人気の室内観葉植物。写真でソーセージ状のものは若い果実で、熟すと甘く食べられるという。発芽直後の糸状の姿から、かわいいハートの葉を経て、森の化け物に成長する

モンステラの葉と花　名はモンスターの意味。大きな葉に穴や切れ込みがあって怪物のよう。花はミズバショウに似ている。ハワイ島にて

闇に忍び寄るモンスター

ポトスに近いサトイモ科の仲間であるモンステラは、さらに利用する相手のありかを探り当てる能力も発達させている。タネがジャングルで芽を出すと、まるで目が見えるかのように森の底をするすると移動して、うまく立ち木にとりつくのだ。

この怪物（モンスター）ははじめ、葉が退化して細い茎だけの、細長いミミズのような姿をしている。この茎は普通の植物とは逆に、暗い方へと這い進む。暗い方へ進むことによって、茎は最終的に木の根元の暗がりに到達し、よじ登るべき立ち木を探し出せるというわけだ。

茎が幹を登り始めると、ポトスと同様、まず小型の幼葉ができる。そしてつるが高みに登ると、モンステラは不気味な穴や切れ込みがある成葉を広げ、性的にも成熟して花を咲かせるようになる。やがて真っ赤な実が熟し、鳥が食べてタネをあちこちにばらまき、続々と子モンスターが生まれてジャングルの地面を這い始める……。

緑のオアシスとして人の心の砂漠を潤してくれる観葉植物たち。しかし彼らの内にもモンスターは住んでいる。木々を襲い、縛り上げ、覆いかぶさり、絞め殺す。そんな植物の凶暴な野性も、緩やかな時間の流れにたゆとういまは、見えない。

ひっつき植物の旅立ち

オナモミの家出

Xanthium strumarium

植物は動けない
しかし、親元に留まれば、
養分をめぐる骨肉の争いは必至
だからこそ、植物は工夫を凝らす
通りすがりの動くものにひっついて
どこまで行けるか、旅の空

あなたを待つトゲトゲ植物

風が枯れ野を駆けめぐる。風は枯れアシを揺さぶっては笛を吹き、ふわふわに蓬けたガマの穂綿を引きちぎっては雲の彼方へと運び去る。通う人とてないそんな淋しい枯れ野に、それでもぽつんと、だれかが通るのをじっと待ち続けているものたちがいる。

枯れ野にうっかり踏み込むと、人恋しく待ちわびていた草の実たちが、ここぞとばかりにくっついてくる。セーターにもズボンにも靴下にも、とにかく大きいのや小さいのや丸々したのや細いのや……。取ろうとしても、あらら、がっちりしがみついちゃって、しつこいったらありゃしない！

大人にとっては迷惑千万な草の実も、子どもたちは「くっつき虫」とか「ひっつき虫」とか呼んで、たちまち遊びの道具にしてしまう。服にきれいに並べ直してブローチ（？）にしたり、とげとげのオナモミの実を投げ合ったり、イノコズチの枝でひっぱたき合ったり（……あなたも？）。

ひっつき虫の王様はオナモミだ。空き地や川岸などに生えるキク科の**一年草**。とはいっても**在来種**のオナモミは最近うんと少なくなって、代わりに北米原産で全体にやや大型のオオオナモミが日本各地を席巻している。ほかに実にトゲと毛が多いイガオナモミという**外来種**もあり、ダムサイトや川岸に群生していることがある。

どの種類も似たような姿と生態を持ち、みな長さ 2 cmほどのトゲトゲの実をつけるので、ここではまとめてオナモミと呼ぶことにしよう。

＊本文中の太字の用語については、巻末の「エライオソーム用語解説」に詳細な説明を付しました。

オナモミの仲間たち

オナモミの仲間では、オナモミ→オオオナモミ→イガオナモミと、近縁種が次々に入れ替わっていく交替現象が見られる。病気や昆虫などの**寄生者**（**天敵**）がいないうちは爆発的に増えるが、寄生者が食性や寄生性をシフトさせてとりつくようになると勢いが衰え、そこに生育環境を同じくする新たな近縁種が入り込むと生育場所を奪われてしまう……といったことが、おそらく繰り返されてきたのであろう。

右上：オナモミ　日本在来種ではあるが、これもごく古い時代に中国大陸から入ってきた史前帰化植物ではないかと考えられている。オオオナモミより実は小さく、トゲの数もまばらで、草丈も低め。最近はオオオナモミに押されて少なくなった。これは江東区内にある自然公園で見つけたもの。同じ敷地にオオオナモミも生えていた

上：イガオナモミ　オナモミ属の一年草。実は長さ2～3cmとオオオナモミより大きく、トゲの数も多い。また実の表面やトゲに毛が生えているために、もしゃもしゃした印象を受ける。世界的には、南北アメリカ・西ヨーロッパからハワイに分布しているが、はっきりした原産地はわからない。日本へはオオオナモミよりあとに侵入し、現在の分布は本州と九州北部と局地的だが、急速に分布を広げつつある。写真は東京・江東区の荒川河川敷で見つけたもの。輸入材の貯蓄場があるためか、江東区は帰化植物のメッカ？である

右下：オオオナモミ　北アメリカ原産の一年草で、日本では1929年に岡山県ではじめて見つかった。以来、分布を広げ、最近ではオナモミよりもはるかに多い。特に都会では、オオオナモミに押されてオナモミがめっきり少なくなった。茎が紫褐色を帯びるものが多く、草丈は50cm～2m

オナモミダーツ & ひっつき虫図鑑

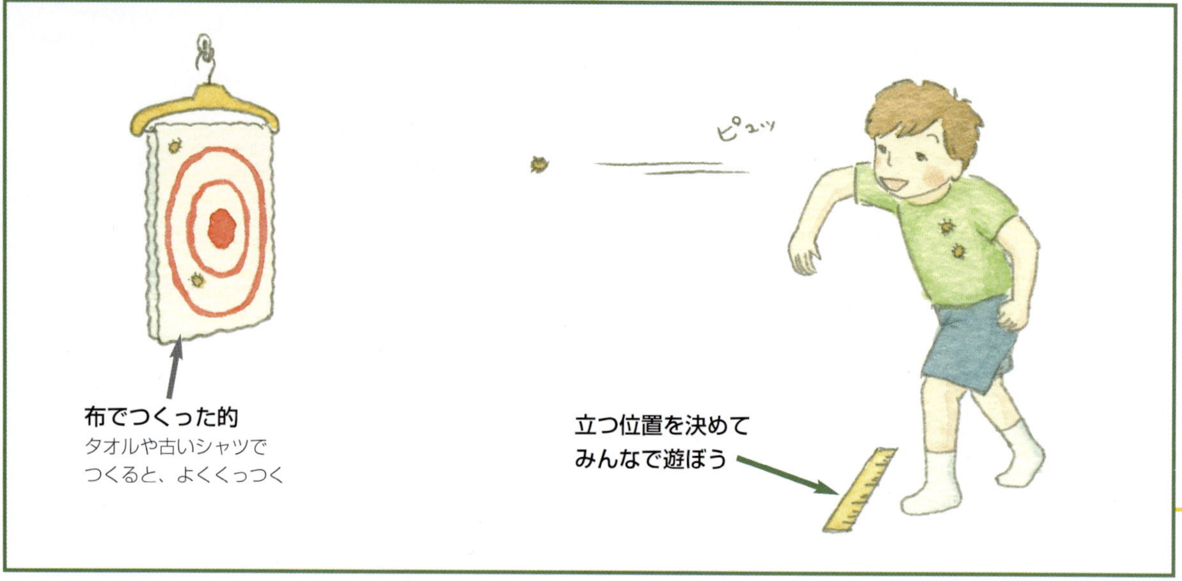
ピュッ
布でつくった的
タオルや古いシャツで
つくると、よくくっつく
立つ位置を決めて
みんなで遊ぼう

オナモミの花は地味である。同じ株に雌花と雄花をつけるが、そのどちらにも花びらはなく、目立たない。花粉を風に運ばせる**風媒花**なので、虫に目立つ必要もないのだ。群生地では大量の花粉が風に舞うので、やはりキク科の風媒花であるブタクサと同様に、花粉症の原因となることもある。

花は8月末にならないと咲かない。昼の時間（日長）が短くなってくると花芽が形成されるという性質を持つからで、このような植物を「**短日植物**」と呼んでいる。

キクやポインセチアも短日植物である。そこで、たとえば夕方に箱をかぶせて早めに暗くしたり、逆に夜も照明をつけて明るくしたりすると、早い時期に花芽がついたり、逆にいつまでも花芽ができなかったりと、花の咲く時期を調節できる。キクの**電照栽培**がその例である。わが家のプランターで育ったオナモミは、野原のものより花が咲きはじめる時期が遅かったが、これも街路灯が明るかったせいだろう。

オナモミダーツは大人気

ひっつき虫の王様は、でっかくて、しかも全身トゲだらけだ。鋭いトゲの先端はかぎ針のように曲がり、これで動物の毛や衣服の繊維にからみつく。まるでマジックテープみたいと思うが、逆にマジックテープこそ、このような草の実（ヨーロッパに自生する野生ゴボウの実）にヒントを得て発明されたのだ。

この実を利用してダーツ遊びができる。最近の小学1、2年生は理科ではなく「生活科」があるが、その教科書にも遊び方が載っていた。布でつくった的にオナモミの実を投げつけて点数を競うのだ。

でも、都会ではオナモミを知らない子もたくさんいる。それなら、と私は野原で集めてきたオナモミを息子のクラス全員に配り、さっそくゲーム大会。翌年はオナモミの苗を用意して校庭の空いている場所に植えた。

このときはジュズダマも一緒に植えたので、秋にはきれいな実も採れた。学校の校庭の片隅にオナモミやジュズダマを育てたら、きっと植物観察も楽しくなると思うのだが、どうだろう。

ひっつき虫たちの旅立ち

冬を前に、植物の種子はさまざまに旅立つ。実が弾けて飛ばされるもの、風や水の流れを利用するもの、甘く熟した実が鳥や動物に食べられて種子が運ばれるもの……。

動けない植物の宿命として、種子が旅をせずにとどまれば、光や水や栄養をめぐり、親植物と子植物の間あるいは子植物間で必然的に熾烈な骨肉の争いが生じる。だからこそ、植物はさまざまに工夫を凝らして種子を旅に出さねばならない。

オナモミのように、動物や人に付着して種子が運ばれる仕組みを「**付着散布**」と呼ぶ。具体的な方法はさまざまだ。先端が曲がった

オヤブジラミ　野山のやぶに生えるセリ科の一年草。まるでシラミのように服にくっついてきて、はがすのに苦労する。実の表面にはカギ状の毛がぎっしり並んでいる

ヌスビトハギ　実の形がブラジャーみたいだと思うのは私だけ？　表面にはカギ状の毛がたくさん生えており、衣服にくっつく。マメ科の多年草

キンミズヒキ　野山に多いバラ科の多年草。夏、黄色い花がミズヒキを思わせる細長い穂をなして咲く。萼筒（がくとう）の縁に円く並ぶカギ状のトゲは、副萼片が変形したもの

チヂミザサ　道端などに多いイネ科の小さな多年草。葉が縮れているのが特徴。種子が成熟すると細く伸びた芒（のぎ）から粘液が出てベタベタし、動物や人のズボンの裾にくっついてくる

かぎ針で引っ掛けるもの（オナモミ、キンミズヒキ、ミズヒキ 、ヌスビトハギ など)、粘液で粘りつくもの（メナモミ、チヂミザサ、ノブキなど)、実に「返し」があって刺さると抜けないもの（イノコズチ、チカラシバなど)、鋭いトゲに精巧な「返し」があるもの（センダングサの仲間、タウコギ）など……。

動物は、風や鳥ほどには種子を遠くまでは運んでくれない。だが、彼らは少々大きめの実でも体につけて運んでくれて、何よりも彼らの道沿いにだけ落としてくれる。そして、それはたいてい、親植物が育ったのとよく似た、明るく開けた場所なのだ。

コセンダングサの実（左）とタウコギの実（右）　ともに野原や田畑に生えるキク科の一年草。コセンダングサの実の先端には2〜4本、タウコギには2本のトゲがある。トゲには多数の逆向きの「返し」があり、衣服に刺さると引っ張ってもなかなか取れない

タウコギ　キク科センダングサ属の一年草。明治時代末期頃、結核の特効薬ともてはやされて一大ブームになったことがある。ただし、効果が見られず、ブームもたちまち去ったとか

コセンダングサ　キク科センダングサ科の一年草。原産地は不明で、牧野富太郎によれば明治時代、すでに近畿地方では広く分布していたという。飛んできた蛾が、トゲにひっかかって絶命していた

ミズタマソウ　山野の木陰などに生えるアカバナ科の多年草。実にカギ状に曲がった白い毛が密生しており、露に濡れると水玉のように見えるのでこの名がある

付着散布の植物にはいくつかの共通点がある。まず、実は地味な色で目立たない。目立ってしまったら、避けられてしまうし、実を食べようとする虫や動物にも狙われてしまうからだ。

また、草丈は高くても１mくらいまで。人や動物の背丈の範囲内に収まらなかったら意味がないから。さらに、茎は枯れても倒れず、実も茎を離れない。風雪にもめげずに立ち続け、藪の中に身（実？）を潜めて、運び屋となる人間や動物が通りかかる瞬間を辛抱強く待ち受ける。

運ばせる相手は、人やけものだけとは限ら

ライオンゴロシ　南アフリカに分布するゴマ科の多年草。掌ほどの大きさの実には多数の種子が入っており、鋭く尖ったトゲで大型動物の足裏に食い込んで運ばれる

オニビシ　ヒシ科ヒシ属の一年生の水生植物で、全国の湖や溜め池で見られる。実は幅5〜7cmで、4本の鋭いトゲがあり、これを道にまくとは！

オオオナモミの実と断面　都立尾久の原公園（荒川区）の工場跡地に蘇った湿地の片隅で見つけた。水鳥の羽毛に付着して、どこからか種子が運ばれてきたのだろう。実を覆うトゲの先端はカギ状に曲がり、毛や衣服にからみつく。中の2個の種子には大小があり、大きい方が先に芽を出す。小さい種子は不測の事態に備える「保証」なのだ

ない。水鳥を専門に利用する実もある。水草のヒシの実は昔の忍者が「撒きビシ」に使っただけあって、鋭いトゲがあり、水に浮いてカモやハクチョウの羽毛に食い込む。水辺によく生えるオナモミの実も水に浮き、水鳥の体について運ばれることがある。

最強の実は、その名も「ライオンゴロシ（殺し）」というアフリカの植物。曲がりくねった巨大なトゲの実をうっかり踏もうものなら大変だ。でも、足裏の分厚いダチョウなら平気。実が刺さったまま大地を疾走し続ける。

付着散布の植物たちは、それぞれ種子の運び屋に狙いを定めて、トゲを研ぎ、かぎ針を磨いているのだ。

種子はタイムカプセル

オナモミの実には種子が2つ、ペアで入っている。種子はオレイン酸に富む良質の植物油を豊富に含み、中国では食用油の原料として栽培されることもあるという。実のトゲが進化したきっかけは、栄養価の高い種子を動物から守るためだったのかも知れない。

おもしろいことに、種子のペアには決まって大小があり、大きい方が先に芽を出す。小さい種子の方が外皮が厚く、水の浸透速度が遅いために発芽時期が遅れるのだ。

先に芽を出した大きな種子のオナモミが成長すると、小さい種子は光や水の不足から発

ビロードモウズイカの群生（上）と花（右上）　ゴマノハグサ科の二年草。漢字では「天鵞絨毛蕊花」と書く。蕊（しべ）にビロードのような毛が生えていることからの和名。花は径2～2.5cmで、5本の雄しべのうち短く集まる3本の雄しべ、および雌しべの基部には、白い毛が密生しているけし粒よりも小さな種子を多数つける。ヨーロッパ原産で、世界各地に広く帰化しており、日本でも河原や荒れ地、線路際などによく見られる。若いうちはロゼットの姿をしているが、花茎を立てると高さ1～2mになり、大量の種子を残して枯死する。この写真で茶色く枯れた花茎は、去年の開花株のものである。カナダ、ブリティッシュ・コロンビアにて

芽の機会を失う。土の中で待つ小さい種子にチャンスがめぐってくるのは、大きな種子のオナモミが不慮の災害に見舞われたとき。増水、干ばつ、ブルドーザー……。小さい種子は芽を出し、だれもいなくなった空間を占めて育つ。

小さい種子はいわば「保証」。ときには何年も土の中で機会を待つ。これも、川べりや空地といった不測の事態が起きやすい不確実な環境で生きてきた植物ならではの知恵なのだろう。

雑草の種子の中には、発芽の機会を何十年も土の中で待ち続けるものもある。実際にメマツヨイグサやビロードモウズイカの種子は100年ほども発芽能力を保つことが種子を埋めた実験でも確かめられている（＊注）。ハスやコブシのように、数千年前の遺跡から発掘された種子が発芽した例もある。

私たち人間を含め、動物は現在の時間にしがみついて生きるしか道はない。しかし、植物は自らは動かないまま、空間だけでなく時間を移動する術すらも手に入れたようだ。植物が未来空間に飛ばすタイムカプセル、それが種子なのだ。

＊注 ビール博士の実験　1879年、アメリカのビール博士はミシガン州で野生植物の種子寿命を調べる野外実験を開始した。20種類の雑草の種子を土に埋め、定期的に掘り出しては発芽を調べた。実験は博士の死後も弟子に引き継がれ、1981年に100年にわたる実験結果が報告された。ビロウドモウズイカの種子は100年後にも発芽能力を保っており、メマツヨイグサの種子も少なくとも80年は生きていた。

あつかましい居候

ヤドリギの寄生生活（パラサイト）

Viscum album ssp. coloratum

ヤドリギの下で出会ったらキス……
欧米のクリスマスの風習で知られる
あのロマンティックな植物は
いまどきの若者もびっくりの
筋金入りのパラサイト族
生命力あふれる世渡り上手だった！

居候にも3つのタイプ

冬空にツグミの声が鋭く響く。葉を落とした木々の梢に、緑色をした不思議な球体がかかっていた。ヤドリギである。ヤドリギ科の**常緑樹**だが、土には生えず、ケヤキやエノキ、ミズナラ、サクラなど**落葉樹**の枝に**寄生**する、いわゆる**寄生植物**である。径1mほどになり、一年中葉を茂らすが、冬に目立つ。都会でも神社の境内の大木などで見ることがある。

欧州では、冬なお緑を保つヤドリギ（正確には変種のセイヨウヤドリギ、英名はミスルトー）を、昔から生命の象徴として神聖視してきた。だから、魔女の秘薬のメニューにもヤドリギは必ず入っている。いまも人々はクリスマスにヤドリギを飾り、その下で会った相手とキスを交わす。ディズニー映画『トイ・ストーリー』のラストにもそんな場面がある。

さて、「寄生」とはなにか。木の幹にはよくシダやコケも生えるが、彼らは単に地面の代わりに木に生えただけで、木から栄養や水を奪いはしない。こういう場合は寄生ではなく「**着生**」という。

寄生とは、動植物を問わず、ある生物（**寄生者**：パラサイト）が別の生物（**寄主**または**宿主**：**ホスト**）の体内または体表に住み、かつ一方的に栄養を奪い取る場合をいう。

寄生植物は、ヤドリギのように自分も緑葉をもち**光合成**を行いながらも水やミネラルは寄主から奪う「**半寄生**」と、ネナシカズラやラフレシアのように葉を持たずに水も栄養もすべて寄主に頼る「**全寄生**」とに大別される。

＊本文中の太字の用語については、巻末の「エライオソーム用語解説」に詳細な説明を付しました。

ヤドリギの集団 民家の裏手にそびえるケヤキの大木に寄生した多数のヤドリギ。枝は年々広がり、径1mほどの球になる。葉は常緑で、冬になると目立つ。静岡県伊東市にて

寄生のための努力と技

一見ラクそうに思える寄生生活(パラサイト)も、実際に手に入れるとなると相応の努力やテクニックが必要なのは、人も植物も同じである。

ヤドリギは根の構造や機能を特殊化させて、寄生に成功した。タネは樹上で発芽すると、幼い根の先端を吸盤に変形させて**樹皮**の表面にとりつく。次いで、根は先端から樹皮を溶かす酵素を出し、寄主の幹に穴を穿ちつつ奥深く分け入るのである。このくさび状の「**寄生根**」は最終的に幹の内部を通って水や養分を運んでいる通道組織（**維管束**）の中に侵入して広がり、寄主から水や栄養を吸い上げる。

タネの運ばせ方も巧みである。ヤドリギの花は春に咲く。株には雌雄があり、ハチの仲

こうして寄生する！

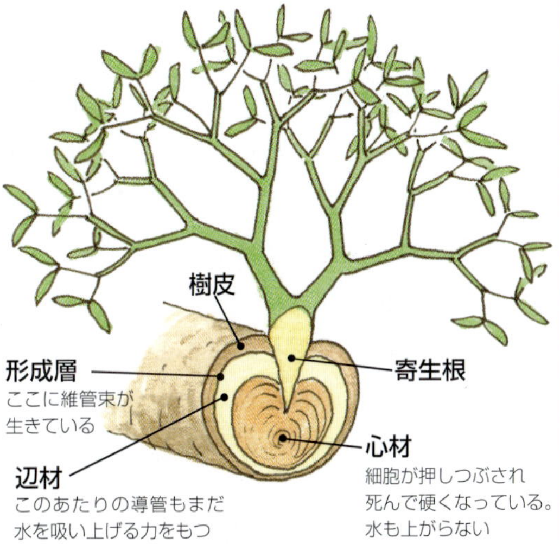

樹皮
形成層
ここに維管束が生きている
寄生根
心材
細胞が押しつぶされ死んで硬くなっている。水も上がらない
辺材
このあたりの導管もまだ水を吸い上げる力をもつ

寄生根は、先端から樹皮を溶かす酵素を出し、幹の奥深く分け入って維管束に侵入する

ヤドリギの雌株に飛来したヒヨドリ
冬、黄熟した実にヒヨドリが飛来した。鳥に食べられて運ばれたタネは、粘る糞とともに外に出て、新たな枝に粘りつく

木に粘りついたヤドリギのタネ
ヒレンジャクの糞に入っていたヤドリギのタネが、木の幹に貼りついた。さいたま市にて

間が花粉を運んで結実する。実は径6 mmで丸く、晩秋に黄色に熟して存在を鳥たちにアピールする。株によっては朱色に熟すものもあり、品種としてアカミヤドリギと呼ぶ。ちなみにセイヨウヤドリギは実が白く熟す。

ヒレンジャクやキレンジャク、それにヒヨドリなどが甘くジューシーな実を喜んで食べるが、この実は同時に多量の粘液質を含んでいる。実を食べた鳥は、堅いタネとともに消化しきれない粘液質を排泄するので、糞はまるで納豆のようにねばねばと糸を引き、タネは鳥の行く先々で新たな寄主となるべき枝にへばりつく。

こうしてヤドリギのタネは樹上で芽を出し、寄主を弱らせない程度に栄養を奪いながら、光をたっぷり浴びて育っていく。

寄生の経済哲学

ネナシカズラはもっと攻撃的だ。ヒルガオ科のつる性**一年草**だが、葉緑素をもたず、栄養をすべて寄主から搾取する全寄生植物である。葉は微小な鱗片に退化しており、目につかない。タネが芽を出したばかりの頃こそ根もあるが、つるがほかの草に巻きつき、茎の表面から吸盤状の寄生根を出して寄主から栄養を吸い始めると、名のとおり、根もすっかり消えてなくなってしまう。

つるは周囲の草を撫で回しながら伸び進み、太く元気な茎だけを選んで巻きつく。搾取に容赦はない。つるは次々に茎を捕え、相手の維管束に寄生根を挿入して、汁を吸いつくしながら育っていく。

ツバキに寄生したヒノキバヤドリギ（左：群生、右上：幼植物、右下：実）　ヤドリギの仲間で、葉が細く平たく、ヒノキの葉を思わせる。南日本に分布し、常緑樹に寄生する。実はアリによって運ばれるという

ヤドリギの雌株　ヤドリギの実は透明感のある黄色で、枝の先で宝石のように光る。実は甘く、人間が食べても美味しい

欧米では、生命の象徴として信仰され、クリスマスのときにヤドリギの枝を飾り、その下で出会った人とキスをしてもいいという風習もある

ラフレシア　ブドウ科のミツバビンボウカズラ属に寄生する。この世界一大きな花は雌雄異株、たんぱく質が腐ったようなにおいを発して、腐肉を好むハエを誘う

だが、ときには骨肉の争いも起こる。数が多すぎるとネナシカズラ同士で絡み合い、「共食い」してしまうのだ。すべては己が子孫を残すため。秋を迎えて、冷酷な吸血鬼も花をつけ、多数のタネを実らせる。そして晩秋、寄主の草が枯れるとともにネナシカズラの一生も終わる。

ボルネオの密林に咲く世界最大の花、ラフレシアも、葉緑素をもたない寄生植物である。ラフレシアの本体は寄主であるブドウ科のつる植物の組織の中に潜んでおり、普段は人目に触れない。それは**菌糸**のような姿で、とても植物とは信じ難いほどだ。

ラフレシアは生殖のためにだけ地上に姿を現す。寄主の根にこぶができ、少しずつ膨らみ、ついに径１ｍもの巨大な花が密林の底で開く。なぜ、ラフレシアの花はこれほどまでに巨大たり得たのだろうか。

植物の世界も経済法則に支配されている。花にコストをかけすぎれば茎や葉に回す資本が足りなくなってしまう。が、ラフレシアにはコストを節約する必要がない。必要なのは花だけで葉や茎は必要ないわけだし、何よりも他人の稼ぎから好きなだけ横取りできるのだから。

労せずして得た収入はぜいたくに浪費できる。寄生植物の生き方には、ある種の人生哲学が見える。

優雅なパラサイト族

持ち金を気にせず、気ままな暮らしを謳歌するパラサイト族の仲間たち。だれかを思い出す？

ネナシカズラ　ヒルガオ科ネナシカズラ属のつる性の寄生植物。根も葉も持たず、ほかの植物に巻きつくと吸根を挿入して汁を吸う。野原でセイタカアワダチソウに寄生して花と実をつけた

ヤセウツボ　ハマウツボ科。欧州原産で都市周辺に帰化している。葉緑素を欠き、クローバーなどの根に寄生して生殖器の花を立てる。小石川植物園にて

ナンバンギセル　ススキの根に寄生するナンバンギセルも葉緑素を持たない全寄生植物である。うつむいて咲く花の風情から、昔の人は「思い草」と呼んだ。ハマウツボ科

赤いきれいな実、なぜまずい？

マンリョウの深謀遠慮

Ardisia crenata

晩秋から冬にかけて、美しい実をつける草木
その実の多くはつややかな赤い色
見るからに美味しそうなのに、
鳥たちにあまり人気がないのは、なぜ？
顧客を巧みにコントロールする
植物たちの販売戦略（？）に迫る

日本古来の縁起植物

モノトーンの冬景色の中、マンリョウの赤い実がひときわ鮮やかだ。マンリョウは暖地の林に生えるヤブコウジ科の常緑低木。実は冬に真っ赤に熟し、ナンテンやセンリョウとともに正月の床飾りに使われる。名も、実の美しさを万両の価値と讃えたもの。江戸時代には盆栽づくりが流行し、白実、黄実、斑入り葉など数々の園芸品種もつくられている。

名のめでたさも喜ばれる。昔の商家は、やはり冬に赤い実をつけるセンリョウとアリドオシと合わせ、3つ並べて庭に植えた。合わせて「千両、万両、有り通し」となり、ますます景気がいい。商売繁盛の縁起かつぎである。やはり正月に飾るナンテンも「難を転じる」というわけで、これまた縁起がいい。

ちなみに、サンショウも商売繁盛の木とされるが、その心はといえば「くださんしょ」。岐阜県犬山市に現存する織田信長ゆかりの古い商家、奥村邸の庭にもこれらの**縁起植物**は植えられていた。

万両、千両とくれば、「百両、十両もあるの？」と、気になる。それが実際にあるからおもしろい。正式名ではないが、百両はカラタチバナ、十両がヤブコウジ。ともにマンリョウと同じヤブコウジ科の常緑低木で赤い実が美しく、やはり正月の床飾りとされる。

花は夏に咲く。葉の下に咲き、あまり目立たないが、くるりと反り返った花びらからし

＊本文中の太字の用語については、巻末の「エライオソーム用語解説」に詳細な説明を付しました。

植物縁起絵巻

マンリョウの実　赤い色は、私たち人間と色覚の似た鳥に対してもよく目立つ色。冬、なお緑の葉の陰に赤い実が光る。赤い色は小鳥たちに向けられたごちそうのサインだ

センリョウ　マンリョウと並んで縁起のいい正月植物。マンリョウとは縁遠い原始的なセンリョウ科の植物で、実は上を向いて枝先につく。黄色い実の品種もある

カラタチバナ　百両とも呼ばれ、やはり正月飾りに使われる。暖地に自生するが、あまり数は多くない。マンリョウと同じヤブコウジ科

ヤブコウジ　『万葉集』の山橘はこれのこと。丈が低いので、正月飾りの松や梅の盆栽の根じめとして重宝される。明治時代には栽培ブームが加熱して超高値を呼び、新潟県では「やぶこうじ売買取り締まり規則」が公布されたほど

ナンテン　赤い実と赤みがかった葉は、雪兎の目と耳に欠かせない。葉もベルベリンなどを含んで殺菌力があり、昔から重箱や赤飯の飾りも兼ねて飾る風習がある。メギ科

マンリョウの花　星型の愛らしい花は6月に咲く。この頃にもまだ、去年の実がみずみずしい輝きを保ったまま、枝に残っている

べが突き出ているさまにはつつましやかな風情がある。ヤブコウジ科は被子植物の中でも高等な部類で、サクラソウ科に類縁が近いとされるが、そういえばマンリョウの花は北米産のサクラソウ科植物であるシューティング・スター（ドデカテオン　メディア）にもちょっと似ている。

一方、マンリョウといつもペアにされるセンリョウは、被子植物の中でも原始的とされるセンリョウ科に属し、ドクダミ科に類縁が近い。まったく縁遠いにもかかわらず、なぜ、どちらも冬に赤い実をつけるのだろう。

赤い色で鳥たちにアピール

晩秋から冬にかけては赤い実の植物が目につく。ほかにもアオキ、ピラカンサ、イイギリ、モチノキなど、挙げ始めればきりがない。植物の実がそろって赤い衣装をまとうからには、なにか意味があるのに違いない。

自然界で赤い実が目立つのは、まず第一に、赤が葉の色である緑の補色にあたるためである。補色同士の組み合わせは鮮明なコントラストを生み出す。クリスマスカラーが鮮やかな理由だ。

もうひとつの理由は、私たちヒトの目に赤い色の刺激を受容する細胞が多いためだ。同じ哺乳類でも色覚が異なるウシやイヌには赤い色はほとんど見えない。

人間と色覚がよく似ているのが鳥類である。赤い色は鳥の目にも鮮やかに映る。その証拠に、鳥を誘って花粉を運ばせる花、たとえばツバキやサルビアは赤い色で存在をアピールする（169ページ参照）。

托卵鳥であるカッコウの雛（ひな）は、口の中が真

イイギリの実　イイギリ科の落葉高木。雌雄異株で、実がなるのは雌株だけだ。枝に残った鈴なりの実は、正月がすぎた頃にようやくヒヨドリが集まり、食べ尽くされる

っ赤だが、これも仮親にエサを与えたいという衝動を通常よりさらに強く煽り立てる「超正常な信号刺激」になっている。赤い実の色も、植物が鳥に向けて発した「信号」である。ヒヨドリやツグミ、ヒタキ類など、木の実を好んで食べる小鳥たちに向けて「私はここ。美味しいわよ、さあ食べて！」と魅力たっぷりに誘惑しているのだ。

さて、鳥はこれらの実を丸のみにする。だが、硬く厚い皮に保護された種子は消化されず、そのまま排泄されることになる。こうして種子は鳥の行く先々に運ばれ、芽を出す。糞自体も、生まれたばかりの芽生えにとって都合のよい養分になる。

マンリョウの実はそのまま蒔いてもよく芽を出すが、植物によっては種子を**発芽阻害物質**でコーティングし、そのまま落下したのでは芽が出ず、鳥の消化管を通ってはじめて芽が出るように細工を施しているものもある。親植物の真下に落ちた種子は、親の陰になるため育つ可能性がほとんどないし、たとえ育ったとしても親の木にとっては光や栄養を競合するライバルになってしまうため、鳥に食べられて運ばれたものだけに芽を出すことを許しているのだろう。

鳥の砂嚢でごりごり削られることで物理的に**発芽阻害**が解ける場合もある。このような特性を持つ種子は、ことに明るい場所で大きく育つような樹種に多く、マンリョウのように林の下で下生えとして生活するような低木種にはまずない。

種子散布に鳥を利用するべく、植物たちは実や種子の色や性質を巧みに進化させてきたのである。

ピラカンサの実 バラ科の園芸植物。実は晩秋に赤く熟して美しいが、味は苦い。ツグミやヒヨドリが実を食べに来るのはたいてい年を越してから。彼らも餌がなくなると「しかたなく」食べているのかも知れない

なぜ、まずい？ 羊頭狗肉説

つやつやした赤い実は見るからに美味しそうだ。でも鳥にはあまり人気（鳥気？）がない。マンリョウの花は６月に咲くが、その時期になってもまだ前年の秋に色づいた実がつややかなまま、枝に下がっていたりする。実を観賞して楽しむ人間の立場からすれば、半年以上も美しい実を堪能できるのだからありがたい。でも、鳥にタネを運んでもらうはずの実がこんなに不人気で、いったい大丈夫なの？　と心配になってしまう。

なぜ鳥はマンリョウの実を食べないのだろう。マンリョウだけではない。同じように赤くてきれいなイイギリやピラカンサやカンボクの実も、けっこう長い間、枝に残っていることが多いではないか。

試食してみた。ピラカンサもカンボクもまずかった。イイギリの実は、食べてみて思いっきり後悔した。マンリョウの実は、それほどまずくはなかったが、さりとて美味しくもなく、水っぽくて栄養も乏しそうな感じだった。全体的にみても、糖分や脂肪分が少なく、鳥にとって栄養価値が低い実も多いようだ。

なぜ、まずい。鳥に食べて欲しいのなら、美味しい方がいいだろうに。そこで２つ、仮説を考えた。

第１の仮説は植物の経済問題。実を美味しく（あるいは栄養価を高く）するには、植物は貴重な栄養分を実に分配しなくてはならず、元手がかかる。これに対して、実の外皮だけを植物にとっては安価な赤い色素の**アントシ**

マユミの実と種子　ニシキギ科の落葉樹。実は晩秋に裂けて赤い種子が現れる。種子の赤い部分は仮種皮で、鳥が食べても栄養価はゼロに近い。赤い魅力的な「実」に「擬態」した種子を、騙された鳥が食べに来る

鳥にとっては偽ブランド!?

アンで染めるのなら経済的だ。「高級品」を品質で売るか、「安物」を宣伝で売るか、だ。

この仮説を裏付ける偽ブランド（？）もある。ニシキギ科やトベラ科の植物の実は熟すと割れて赤い種子が現れ、鳥を誘う。が、この種子で消化可能なのは外側の**仮種皮**（かしゅひ）と呼ぶ薄層だけで、味も栄養価もゼロに近いのだ。安上がりな赤い仮種皮で「赤い実」を装い、鳥を騙して食べさせるのだ。

お一人様○個限り説

第２は、わざとまずくしている可能性。赤くて美味しい実であれば、鳥は喜んで一気に食べ尽くしてしまうだろう。そうなれば種子は時間的にも空間的にも限られた範囲でしか排泄されず、種子の散布効果は減るはずだ。

赤い実は目について気になる。つい食べる。まずい。飛び去る。でも、まずさを忘れてまた気になる。つい食べる……。このような鳥の行動は、結果的に種子を時間的にも空間的にも広くばらまくことになり、「赤くてまずい実」の繁殖成功を導くはずだ。

まずい、というのは必ずしも味覚だけの問題ではない。中には、微量の毒を含んでいる実もある。たとえば、ナンテンの実は**アルカロイド**の一種である**ナンジニン**や**ベルベリン**を含み、鳥にとっても有毒である。鳥は、食べすぎて気持ちが悪くなったとかお腹を壊したというような体験を経て、１回に食べられる限度を学習すると考えられる。有毒とまではいかなくても、大量に摂取すると体調を崩す**タンニン**や**サポニン**などを含む実の場合も

ジャノヒゲの種子　赤以外の色の実や種子もある。林の下に生えるユリ科の多年草ジャノヒゲの種子は濃青色で、宝石のラピスラズリを思わせる。薄い外皮の下に堅くて消化不能な種子本体があり、鳥が食べて種子が運ばれる

同様である。

もしかすると鳥は、私たち人間が思っているほどには、味そのものには頓着しないのかも知れない。うんと大きな実を別とすれば、たいていの実は丸飲みにしてしまうからだ。私も試してみたのだが、サンショウの実はうっかり噛んでしまうと辛くて口から火を噴くが、ごくんと丸飲みにしてしまいさえすれば何ということもない。

鳥にとって「まずい」、というのはつまり、多量に食べることを妨げるような物質が含まれている、または、栄養価がうんと低くてエサを探索する労力に見合うだけの熱量が得られない、ということなのだろう。

こうして、まだ赤い実が残っているのにもかかわらず、鳥たちは飛び去る。そして時間をおいて、また食べに来るのである。

「赤くて美味しい実」がないわけではない。たとえばイチゴやサクランボ、コケモモ、ウグイスカグラ、グミなど。このような実には、しかし、赤くてまずい実と違って一斉には熟さず、時間をおいてぽつぽつと色づくという傾向がある。これも鳥の「一気食べ」を予防する植物側の作戦なのかもしれない。

正月を彩る赤い実の植物。その美しさには、鳥を誘惑し、食欲を操り、種子を巧妙に運ばせようとする植物の策略が見え隠れする。美しさに魅入られて大切に植え育てている私たちもまた、植物たちに利用されているのかもしれない。

目立ちたがりの ユニーク染略

ほかの実とは、一味違ったユニークな色彩、配色で勝負している植物もいる。二色効果や個性的な色。人間も思わず目を奪われる。

サンショウ　ミカン科の落葉樹。赤い実は熟すと割れて、真っ黒な種子が現れる。赤と黒のコントラストで鳥の目を強く惹きつける「二色効果」である

ムラサキシキブ　この実の紫色はほかに類を見ない。雑木林などで見かけるクマツヅラ科の落葉低木。庭によく植えられるのは近縁種のコムラサキである

ヨウシュヤマゴボウ　ヤマゴボウ科の北米原産の多年草。秋、草全体が紅葉し、ブドウのような黒紫色の実をつける。果軸も真っ赤に染まり、赤と黒の二色効果で目を惹く。この実の汁は赤紫色の色素（ベタレイン）を含み、染料、酒・菓子の着色などに用いられる。英名インクベリー。ただし、全草に有毒成分があるので、多用は厳禁。みやげ物の「ヤマゴボウ」はモリアザミのことで、在来種のヤマゴボウもこのヨウシュヤマゴボウも、ゴボウ状の根は有毒で食べられない

春の妖精たちの危機管理

フクジュソウの焦燥

Adonis amurensis

小さな陽だまりのように咲いたのに
あっという間に花びらを散らし
葉を伸ばしたかと思うと
春の盛りも待たずにとっとと消える……
どうしてそんなに咲き急ぐ？

再会の喜びもつかの間

木々も芽吹かぬ早春の庭園。ようやく咲き始めたウメの足元で、もう太陽に向かって晴れやかな笑顔を輝かせている花を見つけた。黄金色の花びらもまぶしいフクジュソウである。

「福寿草」の名もめでたく、正月の床の間を飾る**縁起植物**として知られている。旧暦の正月の頃（現在の新暦では１月下旬から２月中旬）に姿を現すので元日草とも呼ばれ、すでに江戸時代初期には正月の床飾りとする風習が広まっていたらしい。

江戸後期になると栽培が流行して盛んに改良が加えられ、紅花、白花、八重咲きなど花びらの色や形に変化があるものは特に珍重されて高値で取り引きされたという。

新暦に変わったいまでも、年末になると贈答用の高価な寄せ植え鉢がデパートの屋上などで売られる。が、これは人工的に温度をコントロールした**促成栽培**で開花を極端に早めたもので、自然条件で咲くのは東京近辺だとやはり旧暦の正月をすぎて以降の２～３月である。

私も鉢植えを楽しみに育てている。何もないように見える植木鉢に、２月の声を聞くと毎年フクジュソウが律義に顔を出す。うれしい再会である。

咲き始めの頃はまさに絵に描いたように小さく整った姿。だが、半月ほどのうちに葉も

＊本文中の太字の用語については、巻末の「エライオソーム用語解説」に詳細な説明を付しました。

フクジュソウ「紅撫子」　紅花で花びらに細かい切れ込みのある園芸品種

フクジュソウ　早春の林に群生するフクジュソウ。現在は庭園で見ることが多いが、本来は落葉樹林とともに生きてきた春植物である

茎も伸びてきて、しまりのない図体に変わってしまう。そして、庭に春が来てあちこちに花々が咲き出す頃、フクジュソウの葉はもう黄ばみ、ほどなく茎も葉もくずおれてしまう。あとはまた、何もないように見える植木鉢がひとつ、ぽつんと庭に残される。

フクジュソウは、日本から朝鮮、中国、シベリア東部にかけて分布するキンポウゲ科の**多年草**である。日本では北海道から九州にかけて見られるが、西日本には少ない。

二昔くらい前までは里の裏山でも野生が見られたというが、園芸目的で掘り採られて激減し、いまでは**絶滅危急種**に指定されるほど稀になっている。それでも、北海道の落葉樹林にはいまもなお比較的多くの野生株が見られ、4月頃には林床一面に黄金の花を咲かせて北国に遅い春を告げてくれるという。

咲き急ぐ春の妖精たち

野生のフクジュソウが咲くのは、木々がまだ芽吹く前の明るい林である。太陽の高度が増して陽光にようやく暖かみがもどってきたとはいえ、まだ風は冷たい。ときには気温が氷点下に下がる日もあれば、雪や遅霜に見舞われる日もある。ほとんどの植物がまだ活動を再開していない早春のこの厳しい季節に、なぜ、あえてフクジュソウは咲くのだろう。

北半球の温帯地域には、ミズナラやブナなどからなる落葉樹林が広がっている。このような林では、四季の巡りとともに林床の光環

セツブンソウ　秩父地方など、おもに石灰岩地帯に分布するキンポウゲ科の小さな多年草。花は径約2cm。花びらに見えるのは萼で、黄色い雄しべと見えるのが花びら。東京の平地では驚くほど正確に節分の日に咲く

キクザキイチゲ　早春の山で出会う可憐な春植物。キンポウゲ科の多年草で、花は径約3cm、白から紫まで花色は変化に富む。初夏には地上部は枯れて姿を消す。よく似た花にアズマイチゲ、ユキワリイチゲなど。いずれも園芸植物のアネモネと同属

エゾエンゴサク　雪解けの斜面に咲くケシ科の多年草。北海道南部ではカタクリと一緒に林床を染めて咲く。青紫色の花は長さ1.5〜2.5cmの筒状で、末端は距となって後方に長く伸びて蜜をためる

境は大きく変動する。上層の木々が葉を落とす晩秋から春にかけて、林は開けて明るくなる。積雪期間を除けば、ふかふかと落ち葉が積もった林床に光がふんだんに注ぐ。林床の植物は寒さをしのぐことさえできれば、光には不足しない。

林から雪が消えるやいなや、フクジュソウはいち早く芽を出す。光の中で芽は一気にほぐれ、つぼみが姿を現す。葉や花は早々と前年のうちにつくられ、芽の中で小さく折り畳まれて出番を待っていたのだ。

葉が展開しないうちから、花は大急ぎで咲く。そして葉を広げきる頃には、もう花びらを散らし、コンペイトウの形をした実を育て始める。ぐずぐずしていては林は暗くなり、

カタクリ　ユリ科の多年草。花にはマルハナバチやギフチョウが蜜を求めて訪れる。斜面一面に群生して美しいが、乱獲や開発で最近は数が減っている。この地下茎から採るでんぷんが本来の片栗粉だ

アマナ　ユリ科の球根植物で、チューリップと同属とされることもある。チューリップやヒヤシンス、ムスカリ、ラッパズイセンなども、もとは欧州原産の「スプリング・エフェメラル」だ

光が途中で不足してタネを十分に育てることができなくなってしまう。

少しでも先に咲いた花の方が、遅れて咲いた花よりも実の大きさやタネの数で勝るのだ。花は林が明るいうちに実を結ぶために、息せき切って咲き急ぐのである。

初夏を迎えると、木々は一斉に緑葉を広げ、林は急速に暗く閉ざされる。林床にはわずかな透過光と木漏れ日しか届かなくなり、その状態が秋まで続く。林床の植物はこうなると光を満足に受けられず、葉の**光合成**量も減ってしまう。もし葉がつくり出すエネルギーよりも、葉が維持費として消費するエネルギーの方が多くなれば、植物は葉を枯らした方が得になるはずだ。

実際、フクジュソウは関東の平野部では5月頃には早くも葉を枯らし、地上から姿を消してしまう。あとは翌春まで地下茎で休眠してしまうのだ。

落葉樹林の林床には、このように、早春から春の短期間に生活を集約させた多年草が数多く見られ、まとめて「**スプリング・エフェメラル**（春の短い命、という意味）」とか「春の妖精」、「**春植物**」などと呼ばれている。

このような多年草はさまざまな分類群にわたって見られ、やはり早春の花として知られるセツブンソウやキクザキイチゲ、ニリンソウ、カタクリ、アマナ、キバナノアマナ、エゾエンゴサクなどもその一員である。園芸植物としておなじみのスノードロップやブルー

ニリンソウ　これもキンポウゲ科アネモネ属で、里の雑木林に群生する。1本の茎にたいてい2つずつ花をつけるのが名の由来。この花にもハナアブが訪れる。似た仲間に、イチリンソウとサンリンソウがある

ベルも、故郷のヨーロッパでは、温帯落葉樹林にひっそりと住まう春の妖精である。

リスクを利益に転換

春先の開花は、しかし、リスクを伴う。最大のリスクは天気の急変だ。早春の山は晴れれば暖かいが、一転して降雪や遅霜に見舞われることも少なくない。だから早春の花たちは、寒さや凍結に耐える特別な機構を用意する必要がある。

フクジュソウの花は、晴れた朝に開き、午後には閉じることを繰り返す。天気が悪いと一日中開かない。この花の開閉に直接かかわるのは光ではなく、光が当たることで上がる花の温度である。日がかげってもすぐ花は閉じ、大事な雌しべや雄しべを花びらに包み込む。こうして花は寒さや降雪に耐えるのだ。

被食の危険も高い。冬景色の中にいち早く芽吹く緑は、当然ながら草食動物に狙われやすい。そこで、フクジュソウは全植物体に**アドニン**という名の強力な毒を配し、用心深く身を守っている。

早春には、花粉を運ぶ虫もなかなか来てはくれない。絶対数が少ないうえに、晴れて暖かな日にしか飛ばないからだ。そこで、花たちは美しく装い、工夫を凝らして虫を誘う。フクジュソウの花は晴れた朝に開き、花びらをパラボラアンテナの形に広げて太陽の動きを追う。光沢のある花びらは光をよく反射し、花の中心、ちょうど雄しべや雌しべのあたり

フクジュソウ　早春の林に群生するフクジュソウ。現在は庭園で見ることが多いが、本来は落葉樹林とともに生きてきた春植物である。花は太陽を向き、光を集めて黄金色に輝く。暖かなクアハウスでハナアブがくつろいでいた

に光を集める。その結果、花の内部の気温は外気温より10度ほども高くなる。

冬越し中のハナアブたちが、暖を求めてフクジュソウの「クアハウス」に集まってくる。花はハナアブ好みの黄色い衣装をまとい、寒さに凍えた浴客たちを呼び込む。冬の寒さに耐えてきた虫たちにとって、つかの間のひなたぼっこは最高の贈り物だ。ハナアブは花の上でおやつの花粉をちびちびなめながら、凍えた体を温める。じつは、フクジュソウの花には蜜がない。その代わり、この花は暖かな日光浴場で虫を誘うのだ。

しかし山の春は気まぐれだ。ときには風雪が吹き荒れて冬に逆もどりすることもある。そんなときはフクジュソウは花を閉ざし、じっと春の太陽が照らすのを待つ。こうしてフクジュソウの花は、花粉がハナアブの体について別の花に運ばれる偶然を待って、1カ月近くも咲き続ける。

日ごとに高さを増す太陽のぬくもりに促されて、植物たちは目覚め、芽を伸ばす。先駆けのフクジュソウに始まった山の春は、急速にそのまばゆさを増す。わずか2週間ほどで、一面の落ち葉だった林床はカタクリやアマナに彩られたかと思う間もなく、エンゴサクやニリンソウ、エンレイソウ、ヤマブキソウなどの花たちも華やかに森の舞台に登場して、花の祭典は一気にクライマックスを迎える。

春の太陽に向かって、フクジュソウは精一杯の笑顔を輝かせる。

落葉樹林下に咲く Spring

ラショウモンカズラ　シソ科の多年草。横から見たつぼみの形が、京都の羅生門で猛将・渡辺綱に切り落とされた鬼の腕を思い起こさせるのが名の由来。つい最近までは都市近郊の雑木林で普通に見られた。花は長さ4～5cmもあり美しい。花後に走出枝が長く伸び、つる状に地を這って広がるところから、かずらの名がついた

イカリソウ　メギ科の多年草。花びらは4枚で、その先端は船の碇そっくりに四方に突き出て蜜をためる。花の色は白いものから濃い紅紫色のものまであり、雑木林の春をあでやかに彩る。葉は秋まで茂り、光合成を続ける。種子にはアリの好むエライオソーム（31～33ページ参照）がついている

ネコノメソウ（左）とニッコウネコノメ（下）
ユキノシタ科ネコノメソウ属の小さな多年草。この属は日本に14種あり、いずれも早春、山の沢沿いに咲く。名は、果期に実が縦に割れると細長く並んだ茶色い種子が現れてネコの瞳に見えるため。ネコノメソウは平地の里山にも見られる

左：ヤマブキソウ　林床に群生するケシ科の多年草。径4cmの花は、バラ科のヤマブキによく似ている。おまけに生育環境も花の時期も共通で、一緒に生えていることも多い。もしかしたらヤマブキソウは、集客力の大きいヤマブキの近くで、客のおこぼれにあずかる作戦なのかも？

春の妖精たち

Fairies

フデリンドウ　リンドウ科の二年草。明るい草地や雑木林の縁などに見られる愛らしい花。早春に花を咲かせて実を結ぶと、タネを残して枯死してしまうという生活史をもつ

上：オオバナノエンレイソウ　ユリ科の多年草。北海道や東北に春を告げる花のひとつ。本州の山に咲く**シロバナエンレイソウ（写真下）**に似るが、花は径5～7cmと格段に大きい。この花が林床一面に咲く光景を写真で見るが、私はまだ実際に見たことはない。写真は植栽されたもの

ヒトリシズカ　センリョウ科の多年草。花穂が1本だけ立つのでヒトリシズカ。2本立つ近縁種はフタリシズカである。小さくつつましい風情に人気があるが、夏になると意外に大きな葉を広げていて同一人物とは思えなかったりする

スプリング・エフェメラルの宣伝戦略

　スプリング・エフェメラルの花たちは、なぜ、みなこぞって春早くに咲き、しかも体に見合わぬ大きな美しい花をつけるのだろう。

　そもそも、花が美しいのは、それが虫を誘って花粉を運ばせるための宣伝手段だからだ。花を咲かせる時期も、花粉を運ぶハチやアブの動きとかかわっている。

大資本に負けないために　初夏になれば木々も芽吹く。林床は見通しが悪くなり、丈の低い花は虫に発見されにくくなる。だから、スミレやイワウチワのようにスプリング・エフェメラルではない花たちまで、こぞって春に咲くのだろう。

　さらに、初夏になればフジやウツギ、エゴノキといった樹木の花も一斉に咲き出す。これらの樹木は草とは桁違いに大きく、資本も大きいので、花も過剰と思えるほどの数を一度に咲かせ、大々的な宣伝を打って虫を呼び集めてしまう。

　樹木の花に対抗して宣伝を強化するにも、光資源に乏しい林床で生きる花たちにその余裕はない。林床の花たちは、樹木の花との虫をめぐる誘致競争を避けるためにも、時期をずらして咲くのだろう。

　また、花は単独で咲くよりも集まって咲いた方がよく目立つ。草原の花の多くは、花茎を高く伸ばし、花茎につける花の数を増やして虫を呼ぶ。草原では植物同士の競争が激しく、まず茎を伸ばすことが先決なので、花期も必然的に夏か秋になる場合が多い。

　ところが、林床では花茎を高く伸ばしても意味がない。光を妨げている相手である樹木ははるか頭上にあり、背伸びをしても届かないからだ。そこで、**林床植物**の多くは、花茎を高く伸ばすのではなく、地下茎を横に広げて花茎の数を増やすことで、花数を増やし、虫を呼ぶ。

　このようにして地下茎で広がった花は、同じ遺伝子を持つ「**クローン**」である。林床にはフクジュソウやニリンソウ、チゴユリなど

のようにクローンで増える花が大多数で、ほとんど種子に増殖を頼っているカタクリのような花はごく少ない。私たちの目に山の春が花で満ちているように映るのは、林床ではことさら群れ咲く花が多いからなのだろう。

同業者との競合　けれども一方で、たくさんの種類の花が同じ季節に同じように林床に群がって咲くので、せっかく樹木との競争を避けたはずの花たちの間に、再び虫をめぐる誘致競争が生じる。花たちは目立たとうとして、少ない資本から宣伝資金を捻出し、ひとつひとつの花をさらに大きく美しく、競いあって装いを凝らす。**高山植物**の花を美しくしたのと同じ競争原理が、春の花たちにも働いている。春の山の花に、小さな体でも大きな花を咲かせる花が多いのは、このためだ。

まばゆいばかりの山の春。だが、花たちの乱舞も木々が若葉を広げる頃には終幕となる。そこかしこに咲き競った花たちも、実を残し、消えていく。初夏、山の花たちは仕事の決算に忙しい。フクジュソウも短期間に得た収入を、自分の取り分とタネに渡す分とに大急ぎで分けると、早々に店じまいをする。

フクジュソウのタネも、スミレのタネ同様、アリが好む成分をもっていて、巣の近くまで運ばれる。林床植物には、勤勉で目ざといアリをタネの運び手に雇っているものが多い（31～33ページ参照）。草木が繁茂して見通しも風通しも悪くなった林床でも、アリを利用すればタネをばらまくことができるからだ。花たちの工夫はタネの時期にまで及ぶのである。

四季の巡りは人の一生にも似て、日の当たるときもあれば厳しいときもある。その中で、植物たちはさまざまに道を模索し生きてきた。春の落葉樹林に生きる、はかなくも可憐な妖精たち。日の当たるときだけを選んだ彼女らも、陰で長く周到な準備を行っていればこそ、その一瞬の生に全力で臨むことができるのだ。（**写真上：カタクリ　下：セツブンソウ**）

鳥と契約を結んだ花

ツバキの赤い誘惑

Camellia japonica

雪をかぶって咲くツバキに
ちょこんと止まる一羽の鳥
まさに絵になる点景といえよう
花と鳥の縁は想像以上に深い
気まぐれな小鳥たちを
惹きつける花の手練手管

麗しくかつ実用的

彩り乏しい早春の街。庭先に咲くツバキの赤い花がつややかな葉の緑に映えて、ひときわ鮮やかに私の心に印象を残す。

ツバキは日本の花である。学名もカメリアジャポニカ。野生種としては、本州以南の暖地に広く自生するヤブツバキと、日本海側の多雪地帯にその分布が限られる変種のユキツバキがある。

ツバキははるか上代から人々に身近な花であった。『古事記』や『日本書紀』にもその名は見える。長寿で四季を通じて葉が青々と茂り、しかも花の少ない時季に見事な赤い花を咲かせるツバキを、人々は繁栄の象徴と神聖視し、呪術的な魔力の存在を信じた。『日本書紀』には、景行天皇が豊後の国で土蜘蛛を征伐した際にツバキの木でつくった槌を使った、とある。神のお告げを伝える巫女の呪具の槌にもツバキが使われた。ツバキを神木とする神社も各地にあり、ツバキにまつわる伝説もまた多い。

ツバキの材は緻密で堅く、木槌のほか木魚や楽器などにも使われた。また、種子からは高価な椿油が採れ、油かすも粉末にしてシャンプー代わりに用いられた。茎葉を燃やして得られる灰は、貴重な紫色（草のムラサキを用いた）を染めるのに欠かせない媒染剤でもあった。

美しい花を眺めるためにも、ツバキは古く

＊本文中の太字の用語については、巻末の「エライオソーム用語解説」に詳細な説明を付しました。

ヤブツバキ ツバキ科の常緑樹で、冬から早春に咲く。野生のヤブツバキの花は赤いが、園芸種には白やピンクも複色もある。花は雄しべごと抜け落ちて散る。庭のツバキにもよくメジロのペアが訪れる

から庭に植えられた。室町時代にはすでに、八重、紅白などの園芸品種が記されており、江戸時代に至って数多くの品種がつくり出された。

ただし、ツバキが盛んに栽培されていたのはもっぱら商家の庭だったらしい。ぽろりと抜け落ちるツバキの花を、武家は「花の『首』が落ちる」として忌み嫌ったからである。

ツバキがヨーロッパに紹介されたのは18世紀。**常緑樹**の少ないヨーロッパで、つややかな緑葉と赤い情熱的な花は人々に驚きと賞賛をもたらした。フランスではツバキのコサージュが流行し、夜会に赴く貴婦人たちのドレスを飾った。デュマ・フィス作、ベルディ作曲のオペラ『椿姫』が熱狂的な大成功を納め

上；ヤブツバキの花
花は横、あるいは斜め下を向いて咲く

右：ユキツバキ 日本海側の多雪地帯に分布する変種で、幹が横に這い、雄しべの糸は黄色く筒状にはならない。新潟県浅草岳にて

ツバキの園芸品種　花色や花形が異なる多くの園芸品種がつくられている。絞りの入り方も多彩

たのもこの頃である。

現在の栽培品種には、ヤブツバキやユキツバキのほか、中国原産のトウツバキやサルウィンツバキなどの血が入っているものもある。さらに最近では、中国から導入された「黄色いツバキ（金花茶）」との交配も行われ、新しい黄花品種が生まれている。

葉の輝きはキューティクル

ツバキの名は、「艶葉木」あるいは「厚葉木」に由来するという。葉の光沢は、表面に「**クチクラ**」と呼ぶ一種のワックス層があるため。クチクラとは聞き慣れない言葉だが、英語読みして「キューティクル」といえば、シャンプーやリンスの宣伝でおなじみだろう。葉のクチクラは、髪の毛のキューティクル同様、表面を覆うワックス層として、内部の組織を乾燥や外部物質から守る働きをしている。ツバキが冬の寒さや乾燥に耐えて葉を緑に保つことができるのは、このクチクラのおかげである。

仲間のサザンカやカンツバキの葉も、やはり厚いクチクラ層に覆われている。クチクラ層はまた、自動車の排気ガスや煤煙からも葉を守る。これらの植物が高速道路の沿道などによく植えられているのは、このためでもある。

鳥仕様でおもてなし

なぜ、ツバキはわざわざ冬から早春の寒い時季を選んで咲くのだろう。

花には鳥のメジロやヒヨドリが頻繁に訪れ、花粉で黄色くまみれた顔を、さらに花に

ツバキの実　実は丸く、中に1～3個の堅い種子を入れる。屋久島に自生するツバキの実は本州のものよりもずっと大きくリンゴほどもあり、リンゴツバキと呼ばれる。屋久島にて

ツバキの花の断面

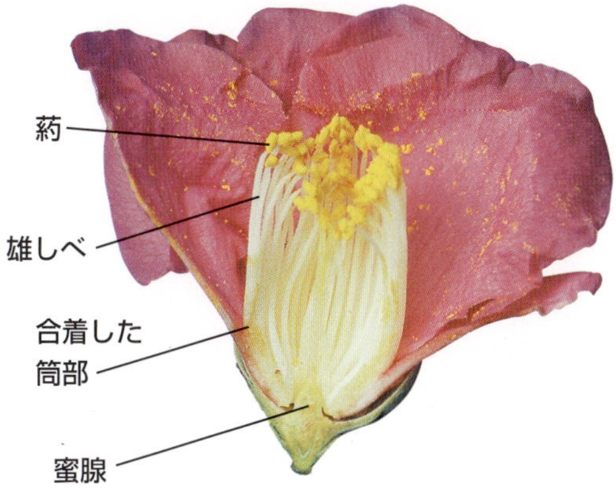

多数の雄しべは基部で合わさって筒をなす。蜜は筒の底にたまり、鳥が嘴（くちばし）を差し込むと、花粉が鳥の顔について運ばれる

突っ込んでいる。鳥たちは花の甘い蜜を吸っているのだ。じつは、この花の花粉を運ぶのは虫ではなく、鳥なのである。

恒温動物である鳥類は、体温を維持するために必然的に多量のカロリーを消費する。だが、冬は餌となる虫が少ない。花が鳥を誘うには狙い目だ。

花は多量の蜜を用意して鳥を誘う。花から花へ、木から木へと移動する鳥の立場からすれば、移動という運動（飛翔）には相当のカロリー消費を伴う。だから、花はたっぷり蜜を出して、鳥たちを大切にもてなす。

ツバキの花は、その構造も鳥に照準を定めている。雄しべや雌しべの位置や大きさは、鳥の体格に合わせて配置されているのである。いいかえれば、仮に虫が来て蜜を吸っても花粉はうまく運ばれないし、それどころか蜜に回した投資の分だけ、花は損をしてしまう。虫に貴重な蜜を盗まれないためにも、ツバキは虫の少ない冬に咲くのだ。

さらに雄しべの基部は合着して筒状となり、蜜を守る城壁となって立ちはだかる。虫の体格では到底、蜜には届かない。

花は鳥だけが蜜を吸えるように、巧みに装いをこらしている。メジロやヒヨドリは花の横側から蜜を吸う。ヒヨドリはときにホバリング（停空飛翔）しながら蜜を吸うこともある。だから、ツバキは横向きに咲く。

鳥は虫よりずっと重い。だから花びらは鳥の体重でも壊れぬよう、硬くて丈夫だ。

鳥は鼻が鈍く、においはほとんど無意味である。だから、ツバキに香りはない。

ウキツリボク（アブチロン）
の花の蜜を吸うハチドリ

ツバキカズラ　ユリ科のつる植物で、チリの国花。花はツバキに似る。現地の森ではハチドリが停空飛翔しながら蜜を吸い、花粉を運ぶ

だが、なんといっても最重要ポイントは「赤」である。一般に鳥類が人と同じく赤い色を最も強く感受するからこそ、ツバキの花は赤いのだ。

鳥たちをめぐる競演

このような特徴を持つ花はツバキに限らない。鳥を主要な送粉者として利用している花を「**鳥媒花**」というが、鳥媒花は一様に赤く、花びらが丈夫で、匂わない。共通の送粉者に適応して共通の性質を持つに至った「**送粉シンドローム**」である。

アメリカ大陸やアフリカ、熱帯～西アジア、オーストラリア、ポリネシアでは、花の蜜を主食にしている鳥が多く、それぞれ蜜を吸うのに適した嘴（くちばし）や行動を進化させている。当然、その鳥を目当てにする鳥媒花の数も多い。

南米では、サルビアやクリスマスカクタスの花にもハチドリが飛来して停空飛翔をしながら蜜を吸い、花粉を運ぶ。チリの国花ツバキカズラの花は、なんとツバキにそっくりだ。日本ではハチが花粉を運ぶ紫色のオダマキの花も、ハチドリが相手を務めるロッキー山脈では真っ赤な色の種類に替わる。

南アフリカ原産のキダチアロエやゴクラクチョウバナも、本来は鳥のタイヨウチョウに適応した花である。

ほかにもザクロ、ノウゼンカズラ、ツキヌキニンドウ、デイコ、アメリカデイコ、タイマツバナ、フクシア、バンクシアなど、本来

ビワの花の蜜を吸うメジロ（うしろ姿）　やはり冬に咲くビワの花にも、よくメジロが訪れる。ビワの花にはハチやアブも訪れており、必ずしも鳥だけが花粉を運んでいるわけではない。桜や梅の花も同様で、メジロやヒヨドリ、それにハチの仲間が訪れる

アクィレギア フォルモーサ　北米原産の赤い花のオダマキ。カナダ・ウィスラーの山をハイキング中に見つけた。ハチドリには多くの種類があり、この花には小型のハチドリが来る

キダチアロエの花　南アフリカ原産のユリ科の薬用植物。日本でも冬に咲く。原産地ではタイヨウチョウが茎に止まった姿勢から花に嘴を差し入れて蜜を吸う

ザクロ　ザクロ科の落葉小高木。園芸界では、雄しべや雌しべが花弁化し、結実しない八重咲き種を花ザクロ、一重咲き種を実ザクロと呼んでいる。花はツバキ同様、鳥媒花で、赤い花色、堅い丈夫な萼、多量の花粉と蜜といった鳥媒花の特徴を備えている

は鳥媒花であった赤い花たちの、なんと身近に多いことか。

蜜をめぐる経済摩擦

花と鳥の間にも経済摩擦（?）がある。

花がつくり出す蜜は、本来は植物が自分の成長に回すべき同化産物である。当然、気前よくは配れない。

とはいえ、もし、花が蜜量をケチれば、鳥はカロリー要求を満たすために多くの花を回らなければならなくなる。花を回ることによるカロリー消費が、花から得られる蜜の報酬を上回れば、鳥が花に見切りをつけるだろう。そうなれば、花は倒産だ。

それでは、うんと気前よくしてみてはどうだろう。鳥は喜んで花に来るだろう。だが、少数の花で満腹してしまった鳥は次の花に移動しようとしないだろうし、それでは花粉は運ばれない。

花にとって最適な蜜量とは、鳥のカロリー消費を少しだけ上回る量なのである。花は絶妙に蜜量を調節し、鳥に次々と花をめぐらせて効率よく受粉させるのだ。

余談だが、ある種のハチドリでは、雄が花の咲く木を縄張り中に占有し、雌は交尾と引き換えに蜜を吸う。まるで買春（?）だが、鳥にとって花の蜜はそれほど魅力的ということだ。

花も鳥もしたたかだ。そしてそんなしたたかさこそが、華麗な赤い花を生み出した進化の原動力なのである。

植物たちの苦労多き性生活

フキノトウの男女交際

Petasites japonicus

早春の希望のように萌え出る浅緑
あの愛らしいフキノトウにも
男女交際の悩みが!?
短くも美しく萌えて
フキノトウはくずおれる……

早春のほろ苦さ

雪の消え残る斜面にいち早く芽吹く、フキノトウ。優しい黄緑色の膨らみに、春の生命が宿っている。

日本の野山に生えるキク科の**多年草**で、長い葉柄を野菜とするフキ。早春に咲くその花が「フキノトウ」だ。まっ先に春を告げる使者として、フキノトウは古くから人々に親しまれてきた。

フキノトウは、香り高くほろ苦い早春の味覚としても珍重される。湯がいて水にさらしてから刻んだものを酢味噌で和えたり、姿のまま薄い衣をつけて天ぷら（香りを楽しむために塩で食べること）にしたり……。極めつけは、細かく刻んで油で炒め、みりん、みそを加え、弱火で炒め煮したフキノトウ味噌。あつあつご飯に乗せれば、何杯でも食が進むこと請け合いだ。

自生のフキは、ちょっと郊外に出れば道端や川べりなどにいくらでも見つけられる。地下茎を伸ばして殖え広がるので、群生していることが多い。野生のものは、野菜として栽培されているものに比べれば葉柄は細いが、味や香りの点ではまったく差はない。北海道や東北地方には、全体に巨大になる変種のアキタブキがある。アキタブキのフキノトウはやたらでかいが、味も香りの点でもほとんど違いがない。あえて違いを探すなら、ひたすら食べ甲斐があることくらいだろう。

野生のフキを見つけたら、少し細いけれども、葉柄も食べてみよう。山菜摘みの楽しさ

＊本文中の太字の用語については、巻末の「エライオソーム用語解説」に詳細な説明を付しました。

フキノトウの群生　一面の枯葉色を突き破って、明るい黄緑色がのぞく。それは、陰鬱な冬の支配を打ち破る、小さな希望の炎のようにも見える

というスパイスが加わって、一段と美味しく感じるはずだ。

都会に残る緑地の隅にも、ふと、フキノトウを見つけることがある。山手線の駒込・巣鴨間の土手にも春を前にたくさんのフキノトウが萌え出ていて、私はついつい食指が動かされる。さすがに、柵の中に立ち入ることもできず、電車の窓から眺めだけを楽しんでいるのだが。

えっ？ 雌に雄花が？

フキは**雌雄異株**の植物である。その花であるフキノトウにも、じつは「雄」と「雌」がある。「雄」のフキノトウは、乳白色をした星形の花びらを持つ小さな雄花が多数集まってできている。雄しべの黄色と花びらの乳白

実の時期のフキノトウ（雌）　早春の花は、若葉の季節にはすっかり蓬（ほう）けた白い綿毛の実を結ぶ

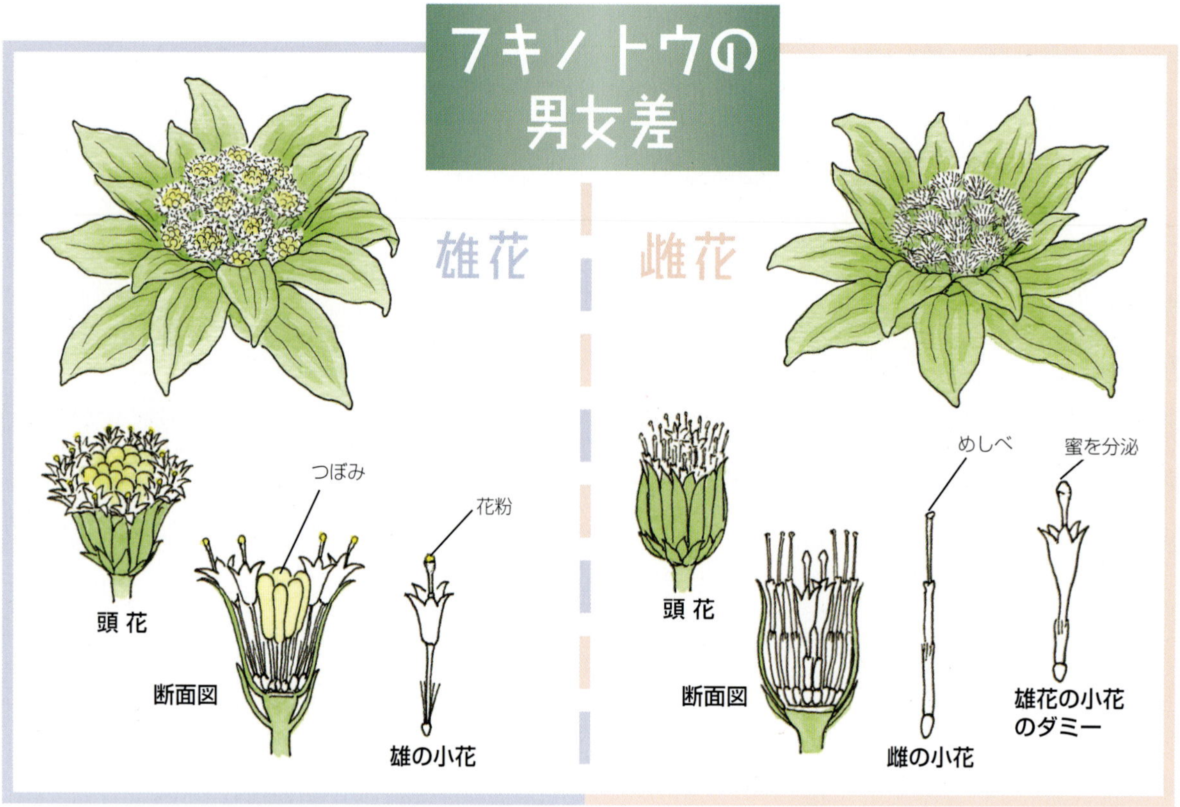

色から、遠目には全体にクリーム色に見える。星形をした雄花は、その筒部に多量の蜜をためて虫を呼ぶ。暖かな日和には、ようやく活動を再開したハナアブが甘い蜜と栄養たっぷりの花粉を目当てに訪れる。「雄」のフキノトウの魂胆は、アブの体に花粉をつけて首尾よく「雌」のもとに運ばせることだ。

一方、「雌」のフキノトウは、大多数が白くて細い雌花からできている。遠目には、白くて繊細な印象を受ける。雌花には、花粉もなければ蜜もない。虫にとって何の報酬もないのである。これでは虫は花に寄りつかないではないか。そこで「雌」のフキノトウは雌花の間に少数のダミー雄花を紛れ込ませている。

ダミー雄花は雄花と同じく星形の花びらをもち、やはり多量の蜜を出す。ダミー雄花にも見たところ雌しべや雄しべが存在するが、そのどちらも性的には機能していない。虫を呼び込むためだけに生まれた、哀しいピエロの花なのだ。

「雄」から「雌」へと、虫によって花粉が運ばれると、雌花はめでたく実を結ぶ。「雌」のフキノトウは徐々に高く30〜50cmほどに茎を伸ばす、つまりトウが立つ。そして季節が春から初夏へと移り変わる頃、茎の頂は白い**冠毛**をつけたふわふわのタネでいっぱいになる。パラシュートをつけたタネが風に乗って飛び立つと、フキノトウは生殖器官としての役割を全うしてくずおれる。

林床のフキノトウ　群生していたフキノトウをよく見ると、地下茎で広がった1株に由来するもので、すべて雄であった

「雄」のフキノトウも、花後には背丈が20cmくらいにまで伸びる。だが、それで終わりだ。花粉を虫に託せば、もう雄には用がない。「雌」からタネが白い冠毛を徐々に広げて飛び立っていく傍らで、「雄」のフキノトウは茶色く枯れてしまう。

植物は両性具有が基本

動物である私たちは、雄と雌という相対する存在を当たり前のことのように思っている。だが、地球上の植物の大多数は、動物と違い、ひとつの花あるいはひとつの体の中に雌と雄の器官が同居する両性具有である。フキのような雌雄異株植物は少数派なのだ。

「両性具有」が植物で進化した背景には、

ふっくらと顔を出したフキノトウ　このくらいの時期が一番美味しい。摘む指先が春の香りに染まる

キウイフルーツの雄花（右）と雌花（左）　キウイフルーツも雌雄異株。だから雌雄の双方を植えないと結実しない。雌株に咲く雌花には毛の生えた雌しべがあり、これが果実に育つ。雄花の方は花粉を虫に託すとあとは散るだけだ

自由には動けない、という植物ならではの事情がある。動物は自ら行動して異性を求め、交わることができる。だが、植物は何か動くものに花粉を託すか、または（いざとなれば）自分自身を性の相手にして交わり、子をつくらねばならないのだ。

自分自身を相手に交配することを「**自殖**」という。自殖には、花粉の運搬を風や虫に頼らなくても、また性のパートナーが得られなくても、単独で種子をつくれる、という利点がある。だから、積極的に自殖を行う植物も少なくない。特に雑草といわれるような植物には自殖を推進する植物が多い。自ら**同花受粉**を行うツユクサ（58ページ参照）やナズナ（184ページ参照）などはその典型だ。

だが、自殖には重大な欠点がある。極端な近親交配であるために、奇形や遺伝性疾患、発育不良、病弱などといった血統の虚弱化（**近交弱勢**という）が生じやすいのだ。

自殖を進めるか、避けるか。避ける方向に舵をとった植物たちは、自分の花粉を生理的に拒絶する仕組み（**自家不和合性**）や、雌雄で成熟時期をずらす仕組み（**異熟性**：雄が先に熟す**雄性先熟**と雌が先に熟す**雌性先熟**とがある）など、多様な仕組みを開発してきた。中でも雌雄異株は、自殖の可能性を完全否定する最も強硬なシステムなのだ。

雌雄異株の植物としてよく知られているものに、イチョウ、ソテツ、ヤマモモ、ヤナギ、アオキ、サンショウ、キンモクセイ、ジンチョウゲ、カラスウリ、キウイフルーツ、ポプラなどがある。意外と知られていないのは身近な野菜のアスパラガスやホウレンソウだ。アスパラガスの場合は雄株の方が収量が高い

アオキの実　冬に赤い実が美しいアオキも雌雄異株で、雄株から虫が花粉を運んで雌株に実がつく。それを知らずにイギリスに雌株だけを運んだために80年間も実がならなかったという話は有名だ

ので、畑には雄だけを選んで植えるという。逆に、ホウレンソウではトウ立ちが遅くて株が大きく育つ雌の方が好まれるとか。植物の男女問題も、けっこう奥が深い。

80年間泣き別れ

さて、こうして動物に似た性のシステムを持つに至った雌雄異株植物、ときには雌と雄が泣き別れ、なんてコトも起こったりする。

18世紀の日本を訪れてはじめてアオキを見たイギリス人は、美しい赤い実をつけた斑入り株だけを選んで母国に持ち帰った。いまにして思えばどれもこれも雌株だったわけだが、イギリス人たちはそんな問題が潜んでいようとは露ほども知らない。当然のことながら、翌年以降、あれほど美しかった実はひとつも実らなかった。

キンモクセイの花　秋に金色の花をつけて街に甘い香りを漂わすキンモクセイ。でも実を見ることはない。普通に見られるのはすべて雄株だからだ

ヤマモモの実　日本古来のフルーツである。徳島県では栽培が盛んで、県の木に選ばれている。梅雨時に熟す甘い実は生食のほか、ジャムや果実酒などに加工される。最近は公園樹や街路樹としてよく見かけるが、そのほとんどは雄株で、美味しい実を得る機会はまれだ

もともと**常緑樹**というものがほとんどなかったイギリスでは、それでもアオキのつややかな葉に観賞価値を見出し、ずっと挿し木で増やし続けながら観葉植物として愛好していた。待望の赤い実がなったのは約80年後。日本までわざわざ迎えに来てもらった雄株が、ものものしい軍艦に乗せられ、丁重にイギリスに運ばれてからあとのことだった。

中国原産のジンチョウゲも、日本では花は咲くが実はならない。日本に渡ったのが雄株だけで、それを挿し木で増やしてきたからだ。キンモクセイも、栽培されているのはみな雄株なので、花は咲いても実がつくことはない。

人が繁殖を助ける園芸植物ならまだしも、野生植物に同じことが起これば存続にかかわる一大事である。

最近、伊豆のヤマモモ自生地では雄の比率が減少し、そのために雌株の結実率が下がる事態が現実に起きているという。ヤマモモは常緑で公害にも強い上に樹形がよく整うので都会でもよく植栽されるが、街路樹や公園樹としては熟した実が落ちて地面を汚すことのない雄株の方が雌株より需要が高い。このため、自生地から雄株が選択的に運び去られ、結果として花粉不足から結実率が下がったのではないかと考えられている。

フキでも同じ事態が起こっている。都会の片隅で見つけるフキノトウは、たとえ雌であっても実を結ばないのである。緑地が減って雄と雌が孤立し、花粉が運ばれなくなってしまったのだ。

春の使者フキノトウ。優しい膨らみの中にも、植物たちの苦労の多い性生活が包み込まれている。

アキタブキ　東北地方や北海道に分布する大柄な亜種で、葉は径1.5m高さ2m、雌のフキノトウは果期には高さ１mになる

パートナーが当てにならないとき

ナズナの離れ業

Capsella bursa-pastoris

七草ガユでおなじみのナズナ
しゃらしゃらと鳴るペンペングサ
その短くはかない生涯は
思いがけなく波乱に富んでいる
捨て身で生きる雑草の王者に
さらに隠された顔が……

七草なずな、ペペンのペン

春は名のみの風の中、小さな花が小さく震える。ナズナ、薺（なずな）。アブラナ科の越年草。その名は、愛でる菜という意味の「撫で菜（なでな）」に由来するともいう。通称はペンペングサ。子どもたちもよく知っている、街の小さな雑草だ。ときにはとるに足りない小さな存在にたとえられ、「屋根にペンペングサが生える」などと斜陽の象徴のように表現されたりもするが、古くから春の七草のひとつとして、また薬草として、人々の生活に深くかかわってきた存在でもあった。

七草として食べるのは、冬から早春にかけてのまだ花茎が立つ前の若苗である。地面に這うように広がる葉がバラバラにならぬよう、根元から小鎌かナイフで掻き採るのがコツ。葉はみずみずしく、鮮かな緑色が目にしみる。茹でて刻み、数滴の醤油をたらして口に入れると、ふわーっ、透きとおるような香りとほのかな甘みが頭のすみずみにまで一気に広がる。まるで凝縮された生命そのもの。自然の恵みを分けてもらうことへの感謝。そんな感動を、おおげさでなく、私は覚える。

正月七日の七草がゆもナズナが主役。ナズナだけという地方もある。お浸し、ナズナ飯、ごま和えも美味しい。白い根の部分も刻んで一緒に食べられる。鉄分を豊富に含み、栄養価も高い。

七草がゆの風習は、もともと平安時代の頃

＊本文中の太字の用語については、巻末の「エライオソーム用語解説」に詳細な説明を付しました。

ナズナ　春の七草のひとつ。別名のペンペングサは、逆三角形の実が、三味線のばちの形に似ているので、「ぺぺんのぺん」というわけ

七草摘み　正月の田んぼで七草を摘む。「芹（せり）、薺（なずな）、ごぎょう、はこべら、仏の座、すずな、すずしろ、これぞ七草。」ごぎょうはハハコグサ、はこべらはハコベ、仏の座はタビラコ。すずなはカブ、すずしろは大根のことである。七草を洗い、茹でて刻んだものを餅入りのかゆに混ぜる。昔は、囃し歌を唱えながら七草を叩き刻む風習だった

ナズナのペンペン

一皮だけ残して、そうっと引っ張る。あわてると取れちゃうよ

耳元で振ると、ほらね。あなたには、どんな音に聞こえるかな？

に中国から伝わったもので、その年の無病息災を祈願する意味が込められている。江戸時代には、古来より農村で行われていた豊作祈願の行事である「鳥追い」とも結びつき、広く庶民に浸透した。人々は正月が明けると野に出てナズナなどの七草を摘み、七日の朝はどこの家でも「日本の鳥と唐土の鳥と渡らぬ前に七草なずな……」などと囃し歌を唱えながら七草を叩き刻んだものだった。

江戸や大阪の町では、ナズナ売りが声高に売り歩くのも風物詩だったといい、「なずな売り　元はただだと値切られる」（なるほど！）などという川柳も残されている。いまでも農村部や離島にはこうした伝統文化が、細々ではあるが息づいている。

薬用としては、全草を干して利尿、解熱、内臓の止血などに用いる。有効成分は**コリン、アセチルコリン、フマール酸、イノシット**など。中国の一部では食用・薬用として古くから栽培もされているという。

田畑や道端にありふれているナズナも、人里を離れると途端に姿を見かけなくなる。山奥にはまずない。このことから、ナズナはごく古い時代に農耕文明に付随して中国から渡来した史前帰化雑草であると考えられている。分布そのものは広くヨーロッパに及び、英名は“シェパーズ パース（羊飼いの財布）”という。これは逆ハート型をした実の形からつけられた名で、学名の種小名も同じ意味のラテン語である。

ナズナの群生

風に踊る逆ハート形の実は愛らしい。ペンペングサの名は、この実が三味線のばちと形が似ていることからついたといい、昔はシャミセングサとも呼んだ。この実を、茎に沿うように一皮残して次々に引き下ろし、耳元でそっと振ると、シャラシャラ……、かわいらしい音が響く。地方によってはいまでもナズナをガラガラ、ネコノピンピンなどと呼ぶのも、こうして玩具代わりに遊んだことにちなむのだろう。

二次元のロゼット

ナズナは、短くも波乱に富んだ一生を送る。

種子は普通、初秋に芽を出す。冬を前に、幼いナズナは放射状に広げた葉を地面にぺったりと張りつかせた形に育つ。「**ロゼット**」と呼ぶ生活型である。吹きすさぶ寒風の中、斜めに傾いだ陽光を浴びてかすかに温もる地表面。その限られた二次元の生存空間に、ナズナは葉を広げ、**光合成**をする。そして厳しい季節の合間を縫って、わずかずつだが成長を重ねるのだ。その半生は、耐えて力を蓄えることに費されるといってよい。

そして待ちに待った春の気配。ナズナはいち早く春の到来を察知すると、一気に三次元成長に転じる。ロゼットの中心部の成長点は力強く分裂を始め、天に向かって花茎を伸ばす。あとは子孫を残すという目的に向かってまっしぐら。小さな花を次々に咲かせ、咲き終えるそばから実を結ぶ。冬の間に達成した

オオイヌノフグリ　人形の青い瞳を思わせるこの花も、同花受粉を行う。花は早春に咲くが、その命は1、2日。だが散る前に雄しべは動いてぴったりと雌しべに寄り添い、自ら受粉を行うため、結実率は開花時期や生育環境にかかわらず95%以上と高い。ただし、ナズナと違って発芽時期は初秋に限られ、都市には進出できていない

ロゼットの大きさが、最終的な種子の数を支配する。冬に耐えて大きく育ったものほど、いま多くの種子をつくり出すことができるのだ。

木々が葉を広げ、花々が次々に咲き競う頃、ナズナは早々と野の舞台から姿を消す。葉や地下茎に蓄えていたエネルギーの最後の1滴までも余さずに種子に詰め込むと、もはや生きる余力もなく、ナズナは数カ月の短い命を終える。精一杯の種子をあとに残して。

切迫した事情ゆえの秘策

ナズナはアブラナ科の一員として、4枚の花びらをもつ。雄しべが6本でうち4本は長く2本は短いのも、**4強雄しべ**（4強雄蕊（しきょうゆうずい））といってアブラナ科に共通する特徴だ。

花には主にハナアブの仲間が甘い蜜に誘われて訪れる。しかし、早春の天候は変わりやすい。おまけにハナアブは気まぐれだ。来訪はお天気次第の気分次第。花粉の専属運搬手と頼むにはちと信頼性が低い。

そこで、ナズナは秘策を練る。咲いてから時間がたつと、長い4本の雄しべは雌しべの柱頭にゆっくりと近づき、自ら花粉をなすりつけてしまうのだ。積極的に**同花受粉**（同一の花の中で受粉すること）をすることで確実に実を結ぼうというわけだ。

虫の助けを借りずとも確実に実を結ぶことができるようになったナズナは、雑草として天賦の能力を獲得した。周囲の環境や天候に左右されず、常に高い受粉率を保って多くの種子を産する能力である。

ナズナの種子はさらに、春でなくても空地ができれば芽を出せるという能力も持ち合わせている。これは田園地帯から都市部へと幅広く進出するには欠かせない能力である。都

ナズナの花　「よく見れば薺花咲く垣根かな」芭蕉
　小さな花も、目を近づけてよくよく見れば、清楚で愛らしい。アブラナ科の花は4強雄しべといって、6本のうち4本は雌しべの近くに、2本はやや離れて位置しているのが特徴だ。花が咲き終わる頃には、4本の雄しべはゆっくりと雌しべに近づき、自らの花粉を雌しべになすりつける

市という不確定要素の高い人為環境では、決まった時期にまとまって芽を出すことは一斉破壊に巻き込まれる危険が高いからだ。秋にナズナの花を見ることがあるのは、このためだ。

　ところで、同花受粉にも欠点はある。近親交配の弊害である。虚弱な子が生じたり、子の遺伝的なバリエーションが乏しくなりやすいのだ。だが、**一年草**であるナズナの場合は、死と引き換えに子をつくる。ならば、子の質を吟味する前に、まず子の確保が先決ではないか。この切迫した事情と、ハナアブという虫への信頼度の低さが、近親交配の弊害を差し引いてもなお同花受粉を推進する方向にナズナの天秤を押し下げたのだろう。

　最近、ナズナの驚くべき新事実が報告された。実験的にナズナの種子をシャーレの土にまいて観察したところ、幼植物は根から特殊な化学物質を出して土壌中の線虫を誘引し、次いで消化酵素をもって線虫の体を溶かし、その養分を根が吸収するというのである。つまり、線虫をおびき寄せて殺し、挙句「食べて」しまったというのだ！

　菌類では、土壌中で**菌糸**が輪をつくって線虫を待ちかまえている種類が知られている。うっかり菌糸の罠に線虫が頭を突っ込んでしまうと、たちまち輪はぎゅーっと締まって線虫を縛り上げ、消化酵素を出して線虫を溶かして栄養分を吸収するのである。それと同じようなことを、本当にナズナもやっているのだろうか。シャーレの外、野外における実態は、まだ明らかではないという。

　厳しい冬を耐え抜いて輝く春に花咲くナズナ。その命の陰に冷酷な殺戮行為を隠しつつ、可憐な純白の花は自己完結の性をひっそりと営むのである。

冬から早春の野原で見つかる
ロゼット図鑑

冬の野原や田んぼは、二次元越冬隊のロゼットでいっぱいだ。地面にぺったり張りついているので見つけにくいが、その気になって探すと、ある、ある……

タビラコ（コオニタビラコ）　春の七草の「仏の座」がこれ。田んぼに平たく張りついている姿から「田平子」。田んぼ以外では見ることが少ない。この形を崩さぬよう姿のまま天ぷらにするのがおすすめ。ほろ苦い春の味だ

ナズナのロゼット　冬の大地に放射状に葉を広げるナズナ。寒さに耐え力を蓄える。このロゼットを摘んで食べる風習が七草がゆ。昔の人はナズナに邪気を払う霊力の存在を信じていた。ところで、ナズナのロゼットは雪の結晶に似ていると私は思う。全体の形もさることながら、株によって葉の切れ込みのひとつひとつに個性がある点も、雪の結晶にそっくりだ。かつて中谷宇吉郎は雪の結晶を天からの手紙といい、その形には上空の気象条件が記されていると書いた。ならばナズナのロゼットは大地からの手紙。その大きさや緑の濃さには土壌の豊かさが記されている

オオアレチノギク　道端や空き地で見られるキク科の大柄な帰化雑草。ブラジル原産。田んぼは花が咲く夏までには耕されてしまうので、この田んぼでは実を結べない。田起こしの前までに実を結ぶ素早さも要求されるのだ

ノゲシ　キク科のノゲシの仲間もロゼットをつくる。タンポポ同様、葉をちぎると白い汁が出る。有史以前に中国から渡来したと考えられており、中国では苦菜とか苗苦菜と呼ばれ、食用にしていたらしい

ハルジオン　花はヒメジョオンに似るが、繁殖のしかたは違う。ヒメジョオンはもっぱら種子で増え、ハルジオンは種子のほか根茎の断片からもロゼットを再生する。抜いても根絶できないわけだ。北米原産で大正時代に野生化した

イヌガラシ　こちらはナズナと同じアブラナ科。道端や庭先に普通に見られる。小学校の教科書には必ずといっていいほど登場するのに、大人になると忘れられてしまう気の毒な雑草。春から夏にナズナに似た黄色い花を咲かせる

ヒメムカシヨモギ　キク科の帰化雑草。北米原産。ヒメムカシヨモギは几帳面だ。小柄な葉をきっちりと重ね合わせて隙がない。でも、夏の花の時期にはオオアレチノギクと同じようにぼうぼうと伸びてだらしない姿になる

3億年生き続ける秘訣

スギナのサバイバル術

Equisetum arvense

春の野原でおなじみのスギナは
「生きた化石」とも呼ばれるシダ植物
原始的とはいうものの
なかなかどうして侮れない
なにしろ3億年前からの先住者
その生き残り術を探る

ツクシとスギナはどう違う？

土手にツクシが顔を出した。春はもう、すぐそこだ。ここ数年、ツクシ摘みはわが家の恒例行事になっている。都会の喧噪からしばし離れ、子どもたちと賑やかにおしゃべりしながら摘み歩く。里の田んぼにはレンゲソウが咲きはじめ、上空ではトビがピーヒョロローと鳴きながらゆったりと弧を描く。穏やかで幸せな時間である。

だが、幸せのあとには労働が待っている。つい摘みすぎてしまったツクシの山の前で、親子して夜なべでハカマ（ツクシの茎にぐるっと段をなしているかさかさした部分）を取ることになるのである。

摘んだツクシは、ハカマを手でむしり取り、水で洗う。頭の部分はやや苦く、煮汁が濁るので、料理によっては茎だけを使う。私のおすすめ料理は、丸ごと軽く油で炒めてから醤油と砂糖をさっとからめるツクシのきんぴら。焦げた醤油の香ばしさとかすかなほろ苦さが、絶妙な歯触りと相まって、箸休めにも酒の肴にも最高だ。茹でて和えもの、卵とじ、汁の実などにもする。

正しくは「ツクシ」という名の植物はない。「スギナ」というシダ植物の**胞子**をつくる器官、いうなれば生殖担当部門が「ツクシ」である。ツクシが顔を出すと、やや遅れて緑色のもしゃもしゃした枝が萌え出てくるが、これがスギナの本体かつ栄養担当部門である。

スギナは一見、杉の枝に似て見える。それで、杉菜という。別説に「継ぎ菜」がなまっ

＊本文中の太字の用語については、巻末の「エライオソーム用語解説」に詳細な説明を付しました。

ツクシの群生

たものともいう。これは昔の子どもの遊びに由来するという説だ。スギナを引っ張ると節の部分ですぽっと抜けるが、それをまた元に継ぎ、「さあて、どこで継いだか、わっかるかなー」と当てっこするのである。ツクシでも同じ遊びができる。

顕微鏡でのぞいてみると

スギナは仲間のトクサとともに、シダ植物の中でも原始的な一群とされている。植物界のシーラカンスといってもよい。つまり「生きた化石」である。いまでこそ掌（てのひら）サイズだが、古生代石炭紀には高さ30mもあるスギナやトクサのご先祖様が林立していた。巨大トンボやゴキブリが陸の王者だった、約3億年前のことである。

ツクシとスギナ

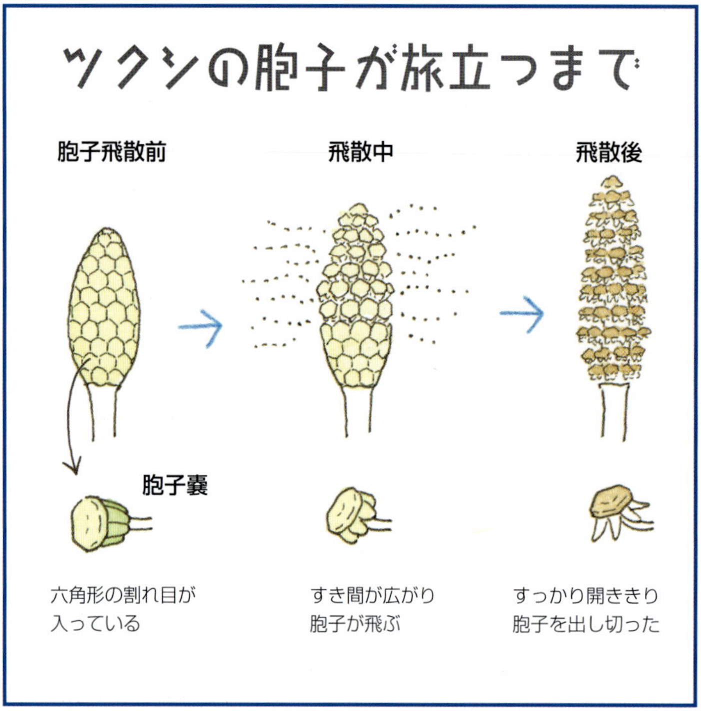
ツクシの胞子が旅立つまで
胞子飛散前
飛散中
飛散後
胞子嚢
六角形の割れ目が
入っている
すき間が広がり
胞子が飛ぶ
すっかり開ききり
胞子を出し切った

鼻息でくるくるっと
丸まってしまう

シダ植物であるスギナは、種子ではなく、胞子で増える。若いツクシの頭部をよく見ると、六角形をしたタイルのような構造でびっしり埋められている。成長するにつれてタイルのすき間は徐々に開き、完全に成熟すると緑色の粉が舞い散るようになる。この緑色の粉が胞子だ。

胞子を顕微鏡でのぞいてみた。ルーペ程度ではわからないが、顕微鏡で観察すると丸い胴体に４本の腕があって四方に伸びている。

その形のおもしろさに熱中して顕微鏡をのぞいていたら、突然、胞子はくるくると毛糸玉のように丸まってしまった。「あれれ」と思うまもなく、また腕がするすると伸びてくる。丸まったり、広がったり。その腕の動きに応じて、胞子の本体もぽこぽこと飛び跳ねる。まるで鍋の中のポップコーンを見ているような気分だ。

スギナの胞子が四方に出している腕には、ちょうど乾湿度計のように、湿ると丸まり、乾くと伸びて広がる性質があるのだ。のぞいた拍子に腕が丸まってしまったのは、じつは私の鼻息がかかって湿ったためだった。

晴れた日、胞子は伸ばした腕いっぱいに風を受け、新天地へと旅立っていく。

シダ植物のライフサイクル

胞子の数は膨大である。１本のツクシに、な、なんと200万個。だが数の多さが厳しい生存競争の裏返しなのは、生物界の基本原理。胞子の行く末には、厳しい試練が待ちうけている。

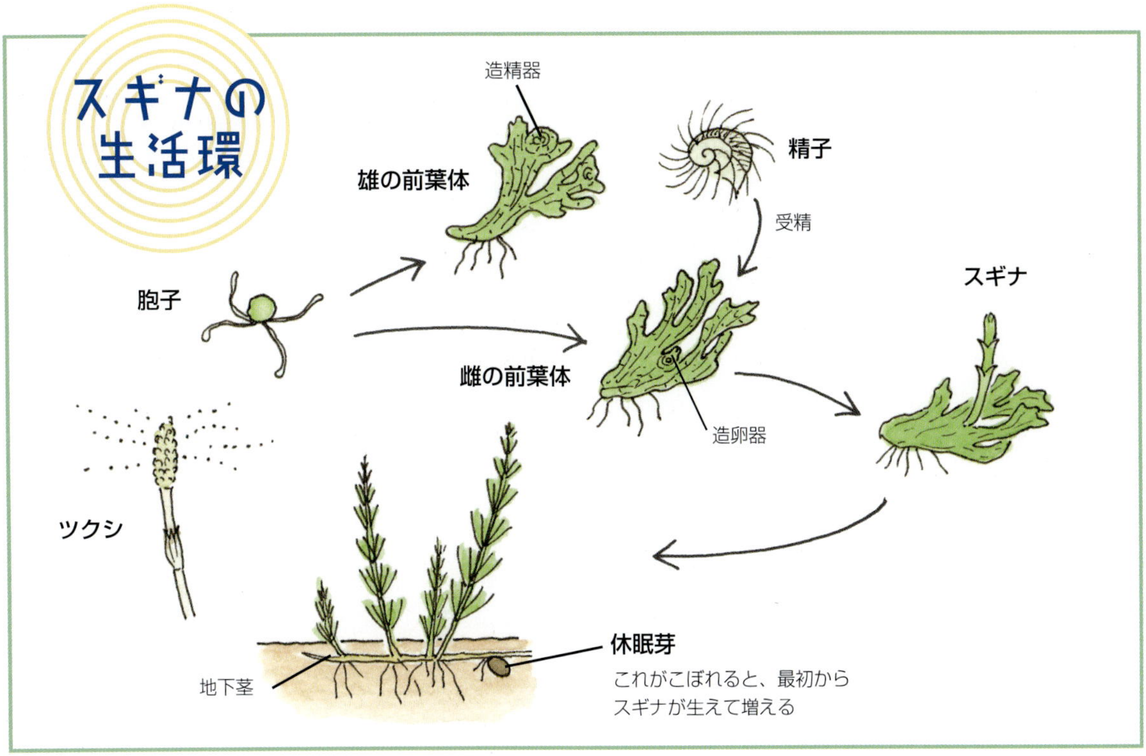

胞子は湿った地面にうまく落ちると芽を出す。だがスギナの形に育つのではなく、まず、ゼニゴケによく似た「**前葉体**」というまったく別の姿に育つ。前葉体のつくりは簡単かつ平面的で、**葉緑素**をもつ細胞が平たく広がり、**仮根**(かこん)と呼ばれる水を吸うための毛のようなものが下面から生えているだけである。前葉体には雌と雄があり、成長するとそれぞれ**造卵器**、**造精器**をつくり、ここではじめて卵と精子がつくられる。

シダ類の精子は、植物でありながら運動性のある繊毛を持ち、前葉体上の造精器から、やはり前葉体上にある造卵器でつくられた卵へと泳いで移動する。泳ぐ、というからには当然、水中を移動する。たいていは雨が降って水たまりができるとはじめて、逢瀬がかなう。

こうして結ばれた受精卵から、前葉体の体の上で、より進化した葉や根を持つスギナの体（胞子体）が育ち始める。役目を終えた前葉体は枯れ、「スギナ」がようやく育つ。

前葉体という段階を経て卵や精子がつくられて受精に至る生殖の仕組みは、すべてのシダ植物に共通する。とはいっても、その過程や形態は少しずつ異なり、高等なシダ類では前葉体は普通、縦横数mmほどのハート型で、透きとおるほどに薄い。薄い前葉体は水分を失いやすい上に、簡単な構造の仮根しか持たないため、乾燥に対して極端に弱い。シダ類が湿った場所に多いのは、このためでもある。

植物の歴史の上でも、種子植物が誕生して親植物の体内で受精が行われるようになると、シダ植物は急速に衰退することになった。

トクサ　大量のシリコンを含み、紙ヤスリのようにざらざらしている。スギナ同様、「生きた化石」といわれる。節の部分を抜いてまた挿すと、どこが継ぎ目かわからなくなるところも似ている

ワラビ　明るい野原に群生するおなじみの山菜。春の若芽は握りこぶしの形。芽先から滴る甘い蜜をアリがなめに来た

シダ類の中でもスギナの形態は原始的だ。進化途上の葉はささくれ状で、**光合成**もろくに行わない。ツクシの「ハカマ」も葉である。細い葉のように見えている部分はじつは枝であり、茎とともに葉緑素を持ち緑色をしている。光合成はもっぱら茎や枝で行われているのである。

茎は**維管束**も未発達である。茎を支える役になど立たない。その代わり、スギナは茎の稜角の部分にシリコンの結晶を詰め込んでおり、それで体を支えている。植物界の豊胸術（？）なんちゃって。

仲間のトクサは茎にさらに大量のシリコンを含んで、触るとざらつく。昔はこの茎を砥石代わりに木材や金属、骨、爪などを磨いた。トクサは漢名から「木賊」と書かれることが多いが、和名の由来は「砥草」である。

ワラビは猛毒シダ

シダ植物の仲間は、種子植物に比べれば進化的には下等とされる。というと、生き方も劣っているかのように思いがちだが、彼らの生存戦略は種子植物に負けず劣らず巧妙だ。

山菜としておなじみのワラビもシダ植物である。ただしスギナに比べればだいぶ高等で、れっきとした葉がある。日本では古くから重要な山菜とされている。

食べる前には下ごしらえが必要とされ、ひとつまみの木灰を入れた熱湯に浸して「アク抜き」をし、水洗いしたものを煮付けや酢の物などに調理する。独特の粘りがあって美味である。

ところが、外国にはどこにもワラビを食べる風習はない。ウシやウマなどの野生動物も

コモチシダ　葉のへりに無数の子苗が生じ、地面にこぼれ落ちて増える。育った子株は同じ遺伝子をもつクローンである

決してワラビを食べようとはしない。日本人には意外なことに、ワラビは強力な発癌物質を含む「猛毒植物」なのだ。その物質の化学式や構造も日本人研究者の手により特定されている。

その、**プタキロサイド**という名の発癌物質をネズミに食べさせると、著しい高率で乳腺や回腸、膀胱に悪性腫瘍ができる。いちどきに大量投与すれば血尿や骨髄障害を起こして急性中毒死する。もし生のワラビをたくさん食べれば、人間だって同じ目に遭うはずだ。

最近の研究で、アルカリ下での高温処理、つまり伝統的な「アク抜き」をすることにより、発癌物質はほぼ完全に分解されることが証明された。

いまさらながら、昔の人の知恵は偉大である。ひとつひとつの知恵の陰にも、無数の試

ヘゴ（木性シダ）の一種　高さ5mの木に成長する熱帯性のシダ。これも最初は小さな前葉体から育つ。鬱蒼たる木性シダの森は、古生代にタイムスリップしたかのような幻想を抱かせる。ハワイ島にて

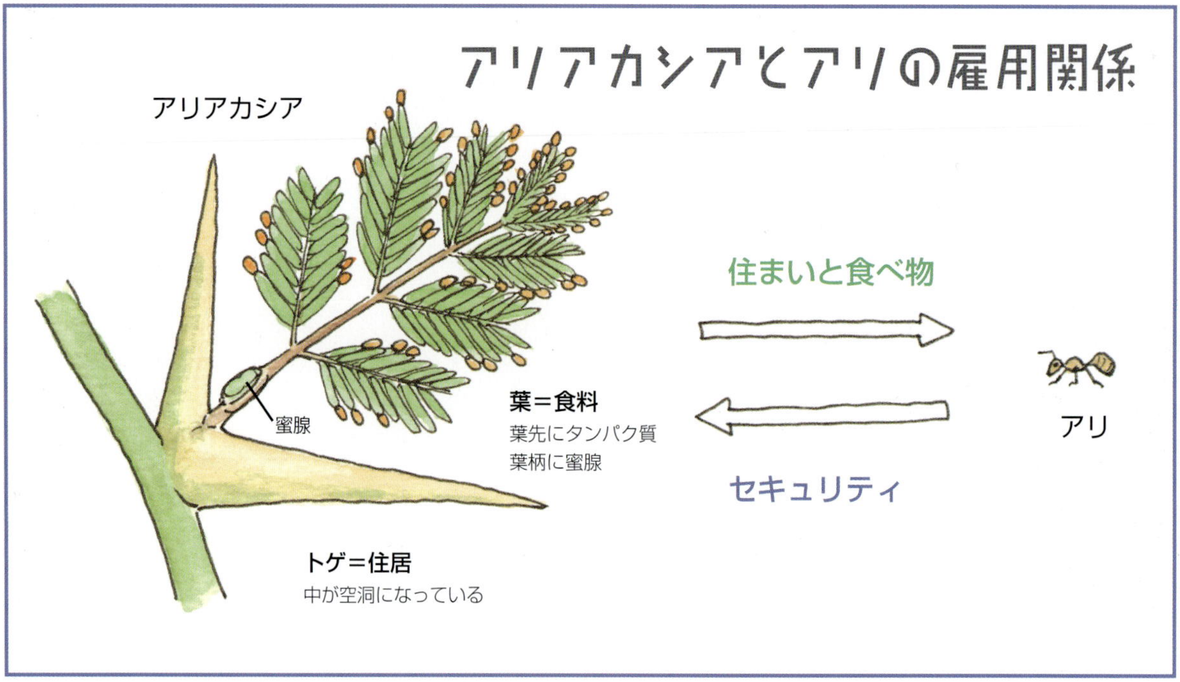

行錯誤と数限りない犠牲があったはずなのだ。そのことを思うと、私は気が遠くなるほどの歴史の重みを感じ、先人たちの積み重ねてきた生活の知恵や工夫の数々に感謝の念を抱く。

アリを雇う植物たち

毒の防衛は、しかし完全ではない。たとえばワラビハバチの幼虫のように、中には毒を克服して手つかずの食糧資源を独占しようとする敵が現れるからだ。そこで、ワラビは別の手を使う。若芽に**蜜腺**をつけ、甘い蜜でアリを誘うのだ。

アリは勤勉で攻撃的な昆虫だ。蜜の周囲をせかせか忙しく徘徊し、結果的に葉を食べたり産卵に来たりする虫を追い払う。ワラビは蜜の報酬を払ってアリを「ボディーガード」に雇っているのだ。

葉や茎に蜜腺（花以外の場所にあるので**花外蜜腺**という）をもつ植物はけっこう多い。イタドリやカラスノエンドウでは、茎に蜜腺がある。桜の仲間は葉柄に、アカメガシワは葉上に、それぞれ蜜腺があり、大小さまざまのアリが蜜をなめにくる。シンビジュームも花自体は蜜を出さないが、花の背後をよく見ると甘い蜜が滴り落ちており、やはりアリを防衛に雇っている。

熱帯にはアリの強力なガードを得ようと、蜜に加えて住居やベビー食などさまざまな報酬までも用意し、積極的に雇用を推進（？）している植物たちが見られる。このような植物を総称して「**アリ植物**」と呼ぶ。アリ植物は、熱帯から亜熱帯にかけて、さまざまな分類群にわたって知られている。

アリアカシアと呼ばれるマメ科の植物は、

アカメガシワ　開けた場所に真っ先に生える木のひとつ。トウダイグサ科の落葉樹で新芽は赤い。左は6月に咲く花。実は8月末に熟し、カラスが食べて種子を運ぶ。上は葉の基部にある一対の花外蜜腺と蜜に来たアリ。春から秋までアリたちは幹を忙しく上下する

葉柄から蜜を出し、葉先にタンパク質に富む幼虫用の餌をぶら下げ、トゲの中を空洞にしてアリを住まわせる。

アリの方も、自分たちの唯一無二の宇宙ともいえるアリアカシアの木を大切に守る。葉を食べようとやって来た虫はアリの集中攻撃を受けてかみ殺され、木に巻きつこうとするつる植物は生育の邪魔になるのでかみ切られる。アリアカシアの樹下にまったくほかの植物が生えてこないのも、将来、アリアカシアの競争相手となり得る植物のどんなに小さな芽すらも、無数の小さな監視の目を逃れることができなかったからだ。

植物は長い歴史を歩んできた。さまざまな環境に適応して体を構築し、生命を受け継ぎながら、この地球上で生きてきた。原始のしがらみを背負ったシダ植物ですら、３億年の時を生き抜いてきたのだ。

植物たちは闘う。生きるために手段を模索し、方策を尽くし、いつか茫洋たる時空の大波に呑まれようともその瞬間まで、植物たちは闘い続ける。

エライオソーム用語解説

読み終わった!?　ところが、植物の世界は奥が深い。マムシグサの花なら、まだ付属体の鼠返しのあたりかも……？　この奥にあるのは雄花か雌花か？　知識の花粉にまみれてもっと奥まで進んでみれば、次々出てくる驚愕事実!?　な～んちゃって。

要は、本文中に書ききれなかったり簡単な説明で済ませたりした部分を、用語解説という形でつけ加えた、滋養たっぷりのエライオソーム（おまけ）。とってもお得な30ページです。

さあ、あなたは、植物の不思議世界から脱け出せるか？

ア

赤の女王仮説（あかのじょおうかせつ）　red queen hypothesis　13

「いかなる生物も、ほかの生物が進化を遂げる限り、自身もそれに対抗して絶えず進化を遂げないと生き残れない」という仮説。現在では特に、「性はなぜ進化したか」という命題に対して、1980年に William D. Hamilton が提唱した、「有性生殖は、ウイルスや病原菌などの寄生者（パラサイト）への対抗進化の結果、生じてきた」とする仮説を指すことが多い。ルイス・キャロルの『鏡の国のアリス』の登場人物である赤の女王の台詞にちなんで、こう呼ばれている。

アコニチン（あこにちん）　aconitine　96,97

トリカブト属の植物に含まれるアルカロイドの一種。多量に服用すると、激しい神経麻痺作用を示し、死に至る。漢方では、トリカブト類の塊根を干したものを附子（ぶし）、子根は烏頭（うず）といい、興奮や強心などの生薬として用いる。

アセチルコリン（あせちるこりん）　acetylcholine　182

動植物が持つ塩基性物質で、動物では副交感神経や運動神経の末端から刺激に応じて分泌され、興奮を伝える神経伝達物質として働く。血圧降下、心臓抑制、骨格筋収縮などの生理作用もある。チョウセンアサガオ（ダチュラ）やハシリドコロに含まれるアルカロイドの一種アトロピンは、化学構造がアセチルコリンに似ているために、動物の体内に入るとアセチルコリンと拮抗し、その働きを抑える結果、瞳孔拡大、内臓筋肉の弛緩などの作用を及ぼす。その一方で、重要な医薬にもなっている。

アセトアルデヒド（あせとあるでひど）　acetoaldehyde　78

酢酸の原料、溶剤などに利用されている無色の液体で、刺激臭がある。単にアルデヒドと呼ばれることも多い。生体内では、アルコールの分解過程で生じ、アセトアルデヒド脱水素酵素によって酢酸になり、さらに水と炭酸ガスとなって体外に排出される。アルコールを飲みすぎると分解が追いつかず血液中に流れ出し、悪酔いや二日酔いの原因となるといわれている。

アドニン（あどにん） adonin 160

フクジュソウの全草に含まれる強心性配糖体で有毒。配糖体とは、糖類とアルコールやフェノールなどの水酸基を持つ有機化合物とが結合した化合物で、生物、特に植物に広く認められる。サポニンなども配糖体の１つの形。また、強心性とは心臓の収縮力を高める効果のこと。フクジュソウの根は漢方薬として強心に用いられるが、効果が激しいため素人処方は危険。

アポトーシス（あぽとーしす） apoptosis 130

遺伝子に組み込まれたプログラムに従い、発生や成長に伴って特定の部位の細胞が順序よく自殺していく現象。オタマジャクシの尾が消えていく過程が、これにあたる。植物にも似た現象があり、モンステラやポトスの葉が成長するにつれて穴が開くときには、葉の一部分の細胞が自殺する。ただし、植物の場合は厳密にはアポトーシスという用語は適用せず、動物に見られるアポトーシスを含めた用語としての「計画細胞死」を用いる。

→計画細胞死

アリ植物（ありしょくぶつ） myrmecophilous plant, myrmecophyte 194

アリと共生関係にある植物。アリに食物や住まいを提供し、その代わりに、いわばボディーガードとして、葉を食べたり汁を吸ったりする虫や動物から守ってもらう。アリアカシアやセクロピア（*Cecropia*）などが知られている。アリノスダマ（*Hydnophytum formicarium*）のように空洞の内部にアリを住まわせ、その糞や死骸を窒素栄養源として利用するものもある。葉などに花外蜜腺を持つ植物も、広い意味でアリ植物といえる。

→花外蜜腺

アルカロイド（あるかろいど） alkaloid 96,97,153

一般的には、植物が含む塩基性の窒素化合物の総称。たいてい猛毒だが、医薬品や嗜好品の原料になる物質も多い。

アレロパシー（あれろぱしー） allelopathy 114.115,117

他感作用。植物が特殊な化学物質（アレロパシー物質）を出して、周辺の生物の生育をコントロールする現象。他種の植物に対して阻害的に働く場合が多いが、促進的に働く場合（**→共栄植物**）や、自種に対して阻害的に働く場合もある。また、マリゴールドの持つ化学成分がネマトーダ（根瘤線虫）に効く場合のように、動物に対して働く場合も、広い意味ではアレロパシーに含まれる。

アレロパシー植物（あれろぱしーしょくぶつ） allelopathic plant 114,115

アレロバシー物質を出す植物。セイタカアワダチソウ、クレオソートブッシュ、ヒマラヤスギ、ヒマワリ、ヒガンバナなどが有名だが、調べると意外に多くの植物がアレロパシー物質を出している。最近は農業への応用、たとえば雑草の発芽を抑制するアレロパシー植物を人体や生態系に有害な除草剤の代わりに畑に鋤こむ、果樹園の下草にアレロパシー植物を用いるなどの方法も考えられている。アレロパシー植物を見つける簡易法を次に紹介しておく。オオイヌノフグリ（アレロパシー物質に感受性が高いとされる）の種子を湿らせた砂を敷いたシャーレに20個以上まき、調べたい植物の断片を浸しておいた水を与えたものと、水道水を与えたもので、種子の発芽率を比較する。発芽や初期成長に有意な差があれば、アレロパシー植物と判定する。

アレロパシー物質（あれろぱしーぶっしつ） allelopathic substance, allelochemical 98,114,115,117

アレロパシーの原因となる化学物質のこと。さまざまな植物の茎葉、根、地下茎、枯葉、果皮などから抽出されている。

アンテナ色素（あんてなしきそ） antenna pigment 122

集光性色素、補助色素ともいう。植物が光合成を行う際の反応中心となる色素はクロロフィルａであるが、これ以外の色素で光を捕捉し、光エネルギーを化学エネルギーに変えてクロロフィルａに渡して光合成の効率を高める、いわばアンテナの役割を果たすものをいう。カロチノイドやクロロフィルｂ、ｃ、フィコビリンなど。**→カロチノイド**

アントシアン（あんとしあん） anthocyan 50,51,53,54,121,122,123,124,152

植物の花、果皮、葉などの細胞の液胞に含まれている一群の色素。別名・花青素。化学的には酸性で赤、アルカリ性で青～黄、中性で紫色を呈するが、金属イオンの存在によっても色が変わる。バラの花、カエデの紅葉、赤ジソの葉、紅イモの皮などにもアントシアンが含まれている。ヤグルマギクの青い花（ギリシア語の花を表すanthosと、青を表すcyanos）にちなむ。

イ

維管束（いかんそく） vascular bundle 43,146,192

シダ植物および種子植物の根、茎、葉を走る束状の組織。根から吸収された水の通り路である導管を含む木部と、葉で合成された同化産物の通り路である師管を含む師部からなる。裸子植物や双子葉植物では、木部と師部の間に形成層がつくられる。**→形成層**

異熟性（いじゅくせい） dichogamy 176

花が咲くときに、雄しべと雌しべで成熟時期をずらす仕組み。同じ花の花粉で受粉することを避ける意味がある。雄しべが先に熟す雄性先熟と、その逆の雌性先熟がある。
→雌性先熟　→雄性先熟

一年草（いちねんそう） annual herb 33,54,58,123,134,135,138,139,144,185

発芽後、１年以内に開花、結実、枯死する植物の総称。四季のある地域では、発芽時期によって夏型一年草（summer annual 春に発芽し、冬までに開花・結実するもの）と冬型一年草（winter annual 秋に発芽した幼植物が越冬し、翌夏までに開花・結実するもの。越年草、冬一年草ともいう）とに分けている。

イノシット（いのしっと）　inosit　182

ビタミンと似た作用をする、ビタミン関連化合物またはビタミン様物質と呼ばれるもののうちのひとつ。しばしばビタミンB群の一員とされる。イノシトール（inositol）ともいう。

エ

栄養繁殖（えいようはんしょく）　vegetative propagation　13

植物はその体の一部から新しい個体を再生する能力を持つが、この再生力に由来する繁殖法のこと。球根、地下茎、塊茎、むかご、走出枝、根の断片から生じる不定芽、また園芸でよく行われるさし木、取り木、株分け、球根繁殖、そして組織培養などが、これにあたる。同じ親から栄養繁殖によって増えた個体は、遺伝情報が同一のクローンである。
→クローン

液胞（えきほう）　vacuole　50

細胞の中にあって、細胞液を満たした袋状の細胞小器官。植物細胞では、細胞が古くなるにつれ容積の大部分を占めるほどに大きくなる。液胞の中には、老廃物のほか、配糖体やアルカロイド、アントシアンなども蓄えられている。液胞の中に水がぱんぱんに入ると細胞が膨らんで圧力（膨圧）が発生し、逆に水が出されると細胞はしぼんで容積は小さくなる。この膨圧を利用してクローバーの葉の開閉運動などが行われる。

エライオソーム（えらいおそーむ）　elaiosome　31,32,162

種子の端や周囲についている付属物（種枕：カルンクル）で、アリを誘引する脂肪酸や糖などが含まれているもの。**→種枕**

縁起植物（えんぎしょくぶつ）　fortune plant　148,156

縁起を祝う（吉事が到来するように祝い祈ること）のにふさわしいとされている植物の総称。ナンテン（難を転ずる）などのように、語呂合わせのよい名を持つ植物が多い。代表的なものとしては、マンリョウ、センリョウ、ダイダイ、フクジュソウ、キチジョウソウ、フッキソウ、ユズリハなど。

オ

オトシブミ（おとしぶみ）　leaf-rolling weevils　105

オトシブミ科の甲虫の一種、またはその仲間、さらに、この仲間の虫が巻いて落とした葉の揺籃（ようらん=ゆりかご）のこと。オトシブミの仲間は、広葉樹の葉を折り畳んで円筒状に巻き、中に産卵すると、木からぶら下げておくか、または噛み切って地上に落とす。中の幼虫は内側から葉を食べて育ち、成虫も同じ種類の葉を食べて生活する。初夏には、木の下にオトシブミ類の揺籃がよく落ちている。昔の人は、これが巻紙に書かれた落とし文（じかに手渡すのがはばかられるような恋文や上申などを書いてわざと通り道に落としておくもの）と形が似ていることから、鳥が落としたものと見立てて「ほととぎすの落とし文」と呼んだ。そこで葉を巻く虫自体もオトシブミと呼ばれるようになった。

カ

開放花（かいほうか）　chasmogamous flower　29,31

閉鎖花に対する言葉。一般に私たちが見ている花は開放花である。美しい開放花には昆虫が飛来し、他家受粉が行われる。スミレは、開放花と閉鎖花の 2 種類の花をつける植物の代表的存在としてよく知られている。**→閉鎖花**

外来種（がいらいしゅ）　exotic species　18,112,134

外国など、本来の生育地でない地域からやってきた生物種のこと。自然繁殖を繰り返して広く定着したものは、特に帰化種という。これに対し、もともと日本に自生していた植物は在来種という。**→帰化植物**　**→在来種**

花外蜜腺（かがいみっせん、かがいみつせん）　extrafloral nectary　194

花の外部にある蜜腺。イイギリやサクラ、ポプラのように葉柄につく場合や、ソラマメやカラスノエンドウのように托葉につく場合、アカメガシワのように葉身につく場合、シンビジュームのように花柄の基部につく場合などがある。甘い蜜でアリを誘い寄せ、アリを歩き回らせて、カメムシやガなどの食害昆虫を追い払う意味がある。**→蜜腺**　**→アリ植物**

萼（がく）　calyx　29,48,49,77,78,83,158,171

被子植物の花のもっとも外側にあって、花弁を囲っている緑色の葉状のもの。中には、花弁のように大きくて、美しい色彩や模様を持つものもある。アジサイやクレマチスの「花びら」に見えるものは、じつは萼である。

仮根（かこん）　rhizoid　191

シダ植物の前葉体、コケ、藻類などに見られる根状のもので、吸収や固着の役割を果たす。ただし、維管束を持たないので根とは違う。

飾り雄しべ（かざりおしべ）　staminode　57,58

雄しべが退化したり変形したりして正常な花粉を持った葯をつけない仮雄蕊（仮雄しべ）のうち、虫を誘うために大きく発達しているものをいう。ツユクサやサルスベリの仮雄しべがこれにあたる。

仮種皮（かしゅひ）　aril　153

タネが実とつながっている部分の組織が肥大して、種子を包みこんだ部分。種衣ともいう。マサキやマユミのように薄い膜状のものと、イチョウやイヌガヤのように肉質でジューシ一なものがある。マサキ、ニシキギ、ツルウメモドキ、マユミなどの仮種皮は赤く、美味しい実のように見せかけて鳥をだます。

花序（かじょ） inflorescence　　40,49,50,52,53,125

複数の花がまとまって咲いている場合の、配列様式のこと。または、花をつける茎の部分全体のこと。花のつきかたによって、総状花序（ナズナ）、穂状花序（オオバコ）、散房花序（アジサイ）、散形花序（ネギ）、頭状花序（タンポポ）、肉穂花序（マムシグサ）、隠頭花序（イヌビワ）などと呼ぶ。

風散布（かぜさんぷ） wind dispersal　　16,17

植物の種子散布様式の一つで、風によって実や種子が運ばれる仕組み。風散布種子は、飛ぶ仕組みによって、微細種子（ラン科、ナンバンギセル）、翼果（カエデ、ニワウルシ、アカマツ、シラカバなど）、風船型果実（フウセンカズラ、フウセントウワタなど）、羽毛や冠毛を持つ果実（タンポポ、クレマチス、テイカカズラ）などに分けられる。**→冠毛**

花柱（かちゅう） style　　29,69

雌しべの柱頭と子房の間。柱頭についた花粉は花柱の中を伸びることになる。2型花のうち異型花柱性とは、花柱の長さが異なる2つの形の花があることをいう。**→2型花**

花嚢（かのう） fig inflorescence, synconus　　88,89,90,91,92,93

イチジク属の花で、多数の花が軸につき、その軸が肥大して花の集まりを内部に包み込んだもの。花序の型としては、隠頭花序（hypanthodium）という。果実期のものは果嚢、無花果という。

カフェイン（かふぇいん） caffeine　　97

茶、コーヒーなどに含まれるアルカロイドの一種で、苦みを呈し、中枢神経に対する興奮作用、利尿作用がある。

花粉塊（かふんかい） pollinium　　68,69,70,71,72

いわば花粉の袋詰め。１つの葯の中のすべての花粉が互いに粘液でくっつき、１つの塊となって運ばれる。ラン科、ガガイモ科に見られる。ラン科では、花粉の塊と粘着体がワンセットで丸ごと花から外れてくる。ランの種類によって大きさや形に少しずつバリエーションがある。**→粘着体**

花粉管（かふんかん） pollen tube　　20,29,72

花粉が発芽してできる管状の器官。被子植物の場合は、雌しべの中を胚珠へ向かって伸びていき、精核や花粉管核の移動通路となる。自家不和合性がある場合や、２型花で同種の花粉が柱頭についた場合などは、花粉管がうまく伸長せずに受精に至らない例が多い。
→花粉管核

花粉管核（かふんかんかく）　pollen tube nucleus　72

花粉の核は花粉管の中で精核と栄養核に分かれ、栄養核はふつう花粉管核に移行する。しかし受精に直接関わるのは精核であり、花粉管核は花粉管の伸長や受精には関与しない。いわば痕跡的構造である。

可変的二年草（かへんてきにねんそう）　facultative biennial　84

一般に二年草とされている植物のうち、環境条件によって開花までに要する年数が変動するようなものを、可変的二年草と呼ぶ。マツヨイグサの仲間などでは、栄養が極端に乏しく成長が悪いと、開花までに数年をロゼットのまま過ごすので、2年目に開花するとは限らない。**→二年草**

夏眠（かみん）　aestivation　14

夏の高温時に活動を休止すること。植物では、ヒガンバナやフクジュソウが夏眠する。砂漠に住むカタツムリやカエルでは、数年を夏眠して過ごした例もある。

カロチノイド（かろちのいど）　carotenoid　122

動植物に広くみられる水不溶性色素群で、カロチンがその代表。黄色～橙色～紅色の結晶をなす。化学構造から3つに大別され、構造中に酸素を含まないもの（ニンジンのカロチン、トマトのリコピンなど）、酸素が -OHの形で含まれるキサントフィル類（葉に含まれるルテイン、トウガラシのカプサンチンなど）、酸素が -COOHの形で含まれるもの（サフランやクチナシの黄のクロセチンなど）がある。植物では葉緑体に多く含まれ、光合成の際に光エネルギーをとらえて、クロロフィルに渡すアンテナ色素の役目を果たしている。秋の黄葉は、葉の中に含まれるカロチノイド（おもにルテイン）が現れて生じる。**→アンテナ色素**

カロチン（かろちん）　carotene　50

動植物の体内に含まれる赤～黄色の色素で、カロチノイドの一種。ニンジン（キャロット carot ）から名づけられた。β-カロチンやα-カロチンは動物体内で分解されてビタミンAに変わる。**→カロチノイド**

冠毛（かんもう）　pappus　16,113,174,175

萼の変形したもので、子房の頂端で毛状になったもの。キク科などに見られる。タンポポやアザミなどでは、風を受けて種子散布を助ける働きをする。センダングサでは逆さトゲを持つ数本のトゲに変わっている。**→風散布**

キ

帰化植物（きかしょくぶつ）　naturalized plant, plant invaders, alien plants　37,112,135

外国の植物が入りこんで定着したもの。荷物にくっついてきたり作物の種子にまじったりして偶然持ちこまれる場合と、園芸植物や牧草など栽培下にあったものが逸出する場合がある。日本で爆発的に増えた帰化植物の例としては、セイヨウタンポポ、クローバー、ハルジオン、ホテイアオイ、セイタカアワダチソウ、オオオナモミなどがある。爆発的大発生の原因としては、天敵の不在が大きい。在来種の数が限られている海洋島では、ハワイ諸島のポトスのように、空白の生活空間にすっぽり入り込んで増えるケースも見られる。
→外来種　→在来種　→天敵

気根（きこん）　aerial root　88,93,126,127,128,129,130

空中に露出した根で、茎や枝から伸び出すことが多い。主な働きによって、付着根、支柱根、吸水気根などと呼び分けることがある。

寄主（きしゅ）　host　142,143,144,146

寄生者（parasite）に寄生される側の生物。ホスト、宿主ともいう。英語でホストとは「客人を持てなす人」の意。最近はサービス業に関連して、特殊な意味で使われることも多い。**→寄生　→寄生者**

寄生（きせい）　parasitism　63,65,73,74,142,143,144,145,146,147

動植物を問わず、ある生物（寄生者）が別の生物（寄主、宿主）の体内または体表に住み、一方的に栄養を奪い取ること。すべての栄養を寄主に依存する場合を全寄生、一部を依存する場合を半寄生という。**→全寄生　→半寄生**

寄生根（きせいこん）　parasitic root　143,144,146

寄生植物が寄主の体内に差し込む根。寄主の維管束に到達して、水分や光合成産物を吸収する。

寄生者（きせいしゃ）　parasite　135,142

他の生物に栄養を依存する生物。病原菌も寄生者の１つである。最近では、人間社会にもこの概念を広く適用し「あの人は芸能界のパラサイトだ」などと表現することも。

寄生植物（きせいしょくぶつ）　parasitic plant　142,144,146,147

寄主となる植物の組織に付着したり、中に入り込んだりして、寄主植物から栄養や水を搾取しながら生活する植物。ヤドリギ、ネナシカズラ、ラフレシアなど。
→全寄生　→半寄生

擬態（ぎたい）　mimicry　103,104,153

生物の形、色、行動、化学成分などが、ほかの動植物もしくは無生物に進化の過程を経て似ていること。擬態には、周囲の環境である草木や石などにそっくり似せて自分を目立たなくする隠蔽的擬態と、毒のある動物や強い動物などに似せて相手を威嚇する標識的擬態がある。

忌避物質（きひぶっしつ）　repellent　101

昆虫や動物が嫌って寄りつかなくなる成分。虫よけスプレーはつまり、insect repellent。たとえば、ヘクソカズラが含むペデロシドもそう。植物は防衛手段のひとつとしてさまざまな忌避物質をつくり出している。**→ペデロシド**

救荒植物（きゅうこうしょくぶつ）　famine-food plant, famine plant　98

山野に自生する植物のなかで、凶作や飢饉の際に食用にする植物のこと。毒性の強弱や食べやすさにより、事態の緊急度に応じていくつかのランクがあったようだ。律令時代には飢饉に備え、リョウブの葉を干して貯蔵することが義務づけられていたという。ヒガンバナの球根やマムシグサのイモは有毒だが、非常時には食用にされた。

距（きょ）　spur　26,27,28,158

花の一部が「けづめ」のように飛び出して袋状になったもので、中に蜜をためる。たとえば、スミレの花の裏側にある親指形の突起など。ほかにインパチエンス、ツリフネソウ、サギソウ、オダマキ、イカリソウなどにも見られる。

共栄植物（きょうえいしょくぶつ）　companion plant　115

ほかの植物の成長を促進するようなアレロパシー物質を出す植物のこと。マメ科のハッショウマメなどがその例。農業の新しい手法として注目を集めている。**→アレロパシー**

共生（きょうせい）　symbiosis　63,65,74

種類の異なる生物が、緊密な関係を結んで共に生活している状態。双方が利益を得ている場合は相利共生（mutualism）、片方のみが利益を得ている場合は片利共生（commensalism）と呼ぶ。ちなみに、相手に害を与えて片方のみが利益を得ている場合は寄生（parasitism ）という。**→相利共生　→寄生**

極核（きょくかく）　polar nucleus　72

種子植物の胚嚢の中央にある2個の核。後に合体し、さらに花粉に由来する精核のうちの一方と融合して胚乳をつくる。**→胚乳**

近交弱勢（きんこうじゃくせい）　inbreeding depression　176

近親交配を繰り返すことによって、生活能力や繁殖力が低下する現象。近親交配では、同じ遺伝子が組み合わさる確率が高いため、劣性遺伝子が発現しやすくなり、遺伝的な病気や形態上の欠陥などの有害な形質が現れやすい。

菌糸（きんし）　hypha　74,146,185

カビやキノコなど菌類の体を構成する細長い糸状の細胞列のこと。植物の根に菌糸が共生的あるいは病変的に取りついて、相互に水やミネラル、炭水化物などといった物質の移動がみられる場合は、特に菌根（きんこん）（mycorrhiza）と呼ぶ。植物の組織内部にまで菌糸が入り込むタイプの菌根（内生菌根）は、ランの幼植物や腐生植物、シャクナゲなどツツジ科植物に見られる。また、多くの樹種が根の周囲に菌糸を住まわせており（外生菌根）、炭水化物を与える代わりに水やホルモンなどをもらう共生関係にあることが知られている。

ク

草紅葉（くさもみじ） 122

秋に草が紅葉すること、もしくは紅葉した状態。アントシアン、カロチノイド、ベタレインなどの色素が関与する。

クチクラ層（くちくらそう） cuticule 168

生物の体の外側を覆う膜層で、内部組織を保護し、水の蒸散を防ぎ、また物質の侵入を調節する。植物では主にクチン質とロウ質からなる。クチクラ層が発達して葉に光沢がある常緑樹を照葉樹といい、ツバキやサザンカなどが例。ツワブキなどの海浜植物にも発達している。スギナやトクサのように石灰質や珪酸質を堆積しているものもある。

クロロフィル（くろろふぃる） chlorophyll 121,122

葉緑素。植物の葉緑体に含まれる緑色または黄緑色の色素で、太陽の光エネルギーを化学エネルギーに変えて、光合成の際の原動力となるエネルギーを供給する。反応の中心となるのはクロロフィルａで、ほかにアンテナ色素となるクロロフィルｂ、クロロフィルｃなどがある。**→アンテナ色素**

クローン（くろーん） clone 12,13,62,164,165,193

同一の遺伝子型を持つ個体群。植物では、栄養繁殖や単為生殖によって無性的に増えることができるので、自然界でも当たり前にクローンがつくられている。しかし動物では、栄養繁殖や単為生殖によってクローンをつくるのはクラゲやアリマキなどごく一部に限られている。ところが、最近では受精卵を分割したり体細胞の核を取り出して核を抜いた卵細胞に移植したりすることにより、人為的にクローンをつくりだすことができるようになった。そのため、単にクローンというと、こうしたバイオテクノロジー分野での複製生物を指すことが多くなっている。**→栄養繁殖　→単為生殖**

ケ

警戒色/警告色（けいかいしょく/けいこくしょく） warning coloration 102

自分がまずくて危険な存在であることを誇示するために、昆虫などがとる、目立つ色彩や模様のこと。無害な生物の体色が、進化の過程で有害な生物の警戒色に似ることがあるが、これは標識的擬態という。**→擬態**

計画細胞死（けいかくさいぼうし） programmed cell death 130

プログラム細胞死ともいう。自殺遺伝子（suicide gene）にあらかじめ組み込まれたプログラムに従い、規則的に細胞が自殺していく現象。発生の途中段階だけでなく、成体内に見られるコントロールされた細胞死を含めていう。**→アポトーシス**

形成層（けいせいそう） cambium 143

維管束の木部と師部の間にある一層の細胞で、内外に分裂することによって、茎と根に肥大成長をもたらす組織。**→維管束**

牽引根（けんいんこん） traction root 98

球根植物の球根から生じる太い根のこと。これが収縮して球根を地中に引き入れることによって、球根を乾燥や食害から守る役目を果たす。グラジオラス、フリージアなど、母球の上に子球がつくタイプの球根植物に多く見られる。

減数分裂（げんすうぶんれつ） meiosis, reduction division 11,12,13

２セットの染色体を持つ細胞から、１セットの染色体を持つ細胞が生じる細胞分裂。種子植物では卵や花粉をつくるとき、シダ植物では胞子をつくるときに起こる。

コ

光合成（こうごうせい） photosynthesis 11,35,37,73,74,121,122,125,142,159,162,183,192

植物が行う炭酸同化の方法。緑色植物は光をエネルギー源として、根から吸い上げた水と気孔から取り入れた二酸化炭素から、炭水化物をつくりだす。葉緑体が光合成の場である。副産物として酸素がつくり出される。

高山植物（こうざんしょくぶつ） alpine plant 22,165

高山帯に自生する植物の総称。高山という厳しい生育条件に適応して、その多くは多年生で、葉が厚い、毛が多い、地上部が小さく、地下部が大きいなどの共通した特徴を持つ。高緯度地方では、高山植物も平地で見られるようになる。

紅葉（こうよう） red coloring of leaves, autumn colors of leaves 118,119,121,122,123,124,125,155

秋に葉が赤く色づく現象。アントシアンやカロチノイドが葉の細胞にたまって、葉が紅色ないし黄色に変わる。カロチノイドが目立って葉が黄色に変わる場合を、黄葉（yellow coloring of leaves）と呼んで区別することもある。**→アントシアン　→カロチノイド**

コリン（こりん） choline 182

動植物に広く存在する強塩基性のシロップ状化合物で、動物では脳、胆汁、卵黄、植物では種子に多く含まれる。神経伝達物質であるアセチルコリンや、細胞膜の成分であるリン脂質の合成に欠かせない。ビタミンＢ群に入れられている。

根粒（こんりゅう） root nodule 63,64,65

窒素固定能を持つ土壌細菌の仲間が植物の根の組織に入り込み、根の一部がこぶ状になったもの。マメ科植物の根粒は根粒菌による。ハンノキ、ヤマモモ、ドクウツギ、ソテツなどにもそれぞれ別の細菌によって根粒ができる。**→根粒菌**

根粒菌（こんりゅうきん）　root nodule bacterium　63,64,65

土壌細菌の一種で、ふだんは土壌内の有機物を分解することでエネルギーを得ているが、マメ科植物の根につくと根粒をつくり、大気中の窒素ガスからアンモニアをつくる（これを「窒素固定」という）。根粒菌はマメ科植物から炭水化物をエネルギー源にもらい、植物は根粒菌からアンモニアをもらってアミノ酸やタンパク質の原料にする。**→窒素固定**

サ

在来種（ざいらいしゅ）　native species　9,11,12,37,115,134,135

もとからその国に住みついていた生物のこと。**→外来種**

柵状組織（さくじょうそしき）　palisade tissue　60

葉肉をつくる組織のうち、表層近くにあって多くの葉緑体を含み、柵のようにぎっしり並んでいる細胞からなる部分。葉の内部にあってスポンジ状の構造をしている部分は海綿状組織という。

サポニン（さぽにん）　saponin　40,153

動植物に含まれる配糖体の一種で、溶血作用（赤血球を破壊する）や魚毒作用（魚類に対して毒性を示す）、去痰作用（たんを切る働き）、抗菌・抗かび作用などがあることが知られている。キキョウのサポニンは去痰薬となる。水とともに振ると泡立つ性質があるため、昔はサポニンを含むムクロジやサイカチやエゴノキなどの果皮をふやかした水を石けん液代わりに使った。

3倍体（さんばいたい）　triploid　11,12,13,77,78,94,95

3セットの染色体を持つ個体のこと。植物にはしばしば見られる。3倍体の植物は、減数分裂がうまくできず、正常な花粉や卵がつくれないために有性生殖が行えず、栄養繁殖や単為生殖を行ってふえる。一般的には植物も動物も2セットの染色体を持つ2倍体（diploid）が基本。ただし、植物には4倍体、5倍体、6倍体など高次倍数体の存在も知られている。3倍体や高次倍数体は、たいてい2倍体よりも体が大きくなるため、園芸植物や農作物ではしばしば取り入れられている。たとえば、フキの栽培品種は3倍体の系統である。栄養繁殖を行わない動物には基本的に3倍体や高次倍数体は存在しない。
→単為生殖

シ

自家不和合性（じかふわごうせい）　self-incompatibility　176

自分の花粉を生理的に拒絶する仕組み。自殖（同花受粉または自家受粉）を避けるための機構。**→花粉管**　**→自殖**

4強雄しべ（しきょうおしべ） tetradynamous stamens 184,185

4強雄蕊（しきょうゆうずい）ともいう。アブラナ科の植物に特徴的な雄しべの配列。全部で6本の雄しべのうち、4本は長く、2本は短い。

自殖（じしょく） selfing 20,176

自家受粉による生殖のこと。自分の花粉で受粉すること。確実に受粉できるというメリットがある一方で、自殖は虚弱な子を生みやすいというデメリットがある。この相反する二面性がゆえに、植物によって自殖を促進する仕組み（同花受粉など）を発達させたものと、逆に自殖を避ける仕組み（自家不和合性や2型花など）を発達させたものという、まったく逆の方向への進化が見られる。**→自家不和合性　→同花受粉　→2型花**

雌性先熟（しせいせんじゅく） protogyny 176

両性花で、雌しべが先に熟すること。雌蕊（しずい）先熟ともいう。雌しべが先に成熟して花粉を受け取って機能を終えた後、雄しべが成熟して花粉を出す。同花受粉を避ける仕組みである。成熟の順番が逆の場合は雄性先熟という。**→異熟性　→雄性先熟**

絞め殺し植物（しめころししょくぶつ） strangler tree 88,128,129

ほかの木の上で発芽し、地面まで気根を垂らして成長し、挙げ句の果てに土台として利用した木を気根でがんじがらめに締めつけて枯らしてしまう植物。亜熱帯から熱帯に多く見られる。ガジュマル、ベンジャミン、インドボダイジュなどのイチジク属植物が有名。ヤドリフカノキ（ホンコンカポック）、ヤマグルマなどもときに絞め殺し植物になる。

雌雄異株（しゆういしゅ） dioecy 89,93,120,146,151,173,175,176,177

雄花と雌花をそれぞれ別の株につけること。本書に登場した植物では、アオキ、イヌビワ、キンモクセイ、フキノトウなどがそうだが、植物では少数派である。普通に見られる花の多く（被子植物の約90%）は、ひとつの花の中に雄しべと雌しべの両方を持つ両性花(hermaphrodite)である。また、キュウリやカボチャのようにひとつの株の中に雄花と雌花を持つものは雌雄同株（monoecy）という。**→両性花**

蓚酸（しゅうさん） oxalic acid 36,37

カタバミ、スイバ、イタドリ、ベゴニアなどに含まれる酸で、味はすっぱい。カタバミやスイバの葉を揉んで硬貨や金属鏡を磨くとピカピカになるのは酸の作用による。染色、漂白などにも用いられる。蓚酸は体内に入るとカルシウムイオンと結合して不溶性の蓚酸カルシウムになるが、これは尿道結石の主成分となる。蓚酸カルシウムを含む植物もあり、マムシグサの毒成分もこれ。蓚酸あるいは蓚酸カルシウムを多く含む植物を多量に生食するのは健康上、好ましくない。ホウレンソウにも蓚酸は含まれているので、ゆでこぼしてから食べるべきである。

樹液（じゅえき） sap 119

樹木の幹の内部にたまっている、または流動している液状成分。植物の樹皮を傷つけるとしみ出してくる樹液には、維管束内にある導管を根から葉へと流れる導管液、師管を葉から根へと流れる、糖分に富んだ師管液のほか、樹脂や乳液なども含まれる。松ヤニはマツの樹液から揮発性の成分が失われて固まったもの（それが化石化すると琥珀）。また、ヤシの樹液を自然発酵させたものはヤシ酒として知られている。パラゴムノキの乳液は弾性ゴムの原料に、アラビアゴムノキの乳液はゴム糊の原料に、蔗糖を含むサトウカエデの樹液は糖蜜シロップにと、古くから樹液は人間に利用されている。

宿主（しゅくしゅ） host 142

→寄主

種子散布（しゅしさんぷ） seed dispersal 151

種子が運ばれること、あるいはその仕組み。風によって運ばれるもの（風散布）、水流や雨滴によって運ばれるもの（水散布）、膨圧運動や乾湿運動によって自ら弾けて種子を飛ばすもの（自動散布）、人や動物に付着して運ばれるもの（付着散布）、鳥に食べられて運ばれるもの（鳥散布）、哺乳動物に食べられて運ばれるもの（哺乳類散布）、鳥や動物の貯食行動に伴って運ばれるもの（貯食散布）、アリによって運ばれるもの（アリ散布）、重力に従ってただ落ちるもの（重力散布）などに分けられる。

→風散布　→付着散布　→エライオソーム

種枕（しゅちん） caruncle 31

種子の先端につく多肉質の付属物のこと。カルンクルともいう。若い種子が実につながっていた部分（珠柄）などが変化してできたもので、広く見れば仮種皮の一種といえる。スミレの場合のように、種枕に含まれる成分がアリをひきつけ、その結果、種子が散布されるような場合はエライオソーム（elaiosome）と呼んでいる。**→エライオソーム**

樹皮（じゅひ） bark 48,119,143

樹木の幹にコルク質ができると、その外側の部分にある皮層や表皮は死んでしまい、樹皮となる。幹が太くなるとコルク質の内側にさらにコルク質ができ、古いコルク質の部分もいっしょに樹皮となる。幹が太くなると、樹皮は裂けて剥がれ落ちる。樹皮には、動物が消化できない成分であるリグニンが多量に含まれている。

子葉（しよう） cotyledon 73

種子の中にあり、胚の一部分をなす葉。被子植物では１枚または２枚で、これで単子葉植物と双子葉植物とに分類している。発芽や初期成長に必要な栄養分を蓄えている場合が多い。カイワレダイコンのように、子葉が展開して「ふたば」になるものが多いが、ドングリやクルミの子葉のように、地中に埋もれたままのものもある。一般に、発芽してしばらくすると消失する。

蒸散（じょうさん） transpiration 35,56,121

植物体内の水分が、主に気孔を通じて気化すること。気孔は光、水分含有量、温度、湿度などの諸条件で開閉し、気化に抵抗を示すので、蒸発とは明らかに異なる。蒸散には葉温の上昇を防ぐ効果があり、根から水を吸い上げる原動力にもなっている。

常緑樹（じょうりょくじゅ） evergreen tree 16,37,91,123,126,142,145,167,178

1年中、緑色の成葉をつけている樹木。葉が開いてから落ちるまでの寿命は、たいていの場合、1年を越える。常緑樹の種類によって葉の寿命は異なり、たとえばクスノキは約1年、サザンカは3年程度、葉を維持する。葉は古くなると落葉し、その際に紅葉するものもある。**→落葉樹**

食虫植物（しょくちゅうしょくぶつ） insectivorous plant, carnivorous plant 44,125

昆虫などを捕らえて消化吸収し、窒素源として養分の一部に利用する植物。仕組みによって、落とし込み型（ウツボカズラ、サラセニアなど）、粘毛型（モウセンゴケ、ムシトリスミレなど）、吸い込み型（タヌキモ）、閉じ扉型（ムジナモ、ハエトリソウなど）に分けられる。土壌栄養が乏しい湿地などで、窒素栄養を補うために進化した仕組みと考えられている。

心材（しんざい） heart wood 143

樹木の幹の中心部分。幹の深部では細胞はすべて死んでおり、水や養分の貯蔵も輸送も行われず、ただ機械的な支持機能だけを果たしている。心材の部分はリグニンやポリフェノールが沈着して赤みを帯びることが多い。心材に対し、生きた細胞が含まれている部分は辺材という。**→辺材**

ス

水生植物（すいせいしょくぶつ） hydrophyte, aquatic plant, water plant 140

おもに水中で生活する植物の総称。葉と根の存在する位置から、抽水植物（葉の大半が空中につき出ている）、沈水植物（葉がすべて水面下にある）、浮葉植物（葉が水面に平らに浮かぶ）、浮標植物（根が水底に届いておらず、水面を漂う）に分けられる。

蕊柱（ずいちゅう） column , gynostemi 68,69,71,

雄しべと雌しべが癒合して合体したもの。ラン科植物やガガイモ科植物で見られる。

スプリング・エフェメラル（すぷりんぐ・えふぇめらる） spring ephemeral 159,164

早春から初夏までの、ごく短い生育期間を持つ林床性多年草の総称。「春植物」ともいう。エフェメラルとは「短命な」という意味で、虫のカゲロウをephemeraと呼ぶことに由来する。カタクリ、セツブンソウ、フクジュソウ、キクザキイチゲなどがこれにあたる。
→春植物

スラム（すらむ）　thrum　19,20,21

サクラソウなど雌しべの長さが異なる（異型花柱性を持つ）2型花のうち、短い花柱を持つ花のこと。短花柱花ともいう。スラムとは「布の端」という意味で、花を上から見たときに、雌しべより高い位置にある雄しべが、花筒の縁でぎざぎざと見えるから。もう一方の雌しべが長いタイプの型はピン（長花柱花 pin）と呼ぶ。スラム型の花は、ピン型の花の花粉を受けたときのみ受精する。**→ピン　→2型花**

セ

生合成（せいごうせい）　biosynthesis　35

生物の生きた体で行われる合成反応をひっくるめて生合成と呼ぶ。ここでつくられるのは、糖、タンパク質、脂質、核酸などであり、それぞれ必要に応じて成長、新陳代謝、貯蔵などにまわされる。植物における光合成も生合成の一部である。植物の光合成の反応過程は、光エネルギーが必要な明反応と光を必要としない暗反応とに分けられ、明反応は光が十分にある昼の間に限られる。一方、夜の間は、暗反応に加え、暗反応でできてきた糖をもとに、タンパク質や脂質などの合成も盛んに行われている。

成葉（せいよう）　adult leaf　130,133

異形葉をつける植物が成熟した段階に入ってつけるようになる葉。**→幼葉**

絶滅危急種（ぜつめつききゅうしゅ）　vulnerable species　157

絶滅のおそれのある種のリスト（レッドデータブック）で、絶滅の危機が増大していると認定される種。「大部分の個体群で、個体数が大幅に減少している。大部分の生育地で、生育条件が明らかに悪化しつつある。大部分の個体群が、その再生能力を上回るほど採取されている」（日本版レッドデータブックのカテゴリー定義および要件より）。さらに絶滅の危険性が高いランクは「絶滅危惧種（絶滅寸前種）endangered species」となる。

全寄生（ぜんきせい）　holoparasite　142,144,147

養分のすべてを寄主に頼っている寄生形態。葉緑素を持たない寄生植物はこれにあたる。ネナシカズラ、ナンバンギセルなど。**→半寄生　→寄生**

選択蓄積（せんたくちくせき）　selective accumulation　102,103,104

食べ物として摂取、あるいは根などから吸収した化学成分のうち、特定の成分だけを体内に積極的に蓄積すること。葉を食べる昆虫などが毒を選択蓄積するほか、植物が土壌中の重金属や塩分などを液胞など特定の部位に蓄積する例もある。

前葉体（ぜんようたい）　prothallium　191,193

シダ植物の胞子が発芽してできる配偶体。染色体のセットを1つだけ持つ半数体（haploid）である。径数mm程度の大きさで、緑色をしており、たった一層の細胞層からなるのでぺらぺらに薄い。高等シダ類ではたいていハート型をしていて、植木鉢の土の上などを探すと見つかる。前葉体には造精器と造卵器が形成され、それぞれ精子と卵細胞をつくる。精子は卵細胞まで水中を泳いで到達する。受精卵はいわゆるシダの形をした胞子体に育ち、前葉体の上で大きくなる。胞子体が十分に成長すると、前葉体は枯死する。
→胞子体　→造精器　→造卵器

ソ

走出枝（そうしゅつし）　stron　13,162

地表、ときに地下浅くを水平に長く伸び、その先端から芽や根を出して栄養繁殖を行う茎のこと。オランダイチゴやユキノシタ、オリヅルランなどに見られる。ストロン、匍匐枝、あるいはランナーと呼ぶこともある。

装飾花（そうしょくか）　ornamental flower　49,50,52

性機能を欠く飾りものの花。アジサイでは、雄しべも雌しべも存在するもののその機能は不完全で、稔性のある花粉もつくらなければ実を結ぶ能力もない。ヒマワリやコスモスも結実するのは中央部の管状花のみで、周囲に並ぶ舌状花は生殖機能を持たない装飾花である。**→稔性**

造精器（ぞうせいき）　antheridium　191

シダ植物、コケ植物などに見られる、精子（雄性の生殖細胞）をつくる器官。シダ植物では前葉体にできてくる。種子植物の雄しべにあたるもの。**→造卵器　→前葉体**

送粉シンドローム（そうふんしんどろーむ）　pollinator syndrome　170

送粉（雄しべでつくられた花粉が雌しべの柱頭に運ばれること）における、花の形質と送粉者（花粉媒介者：昆虫や鳥など）との間に見られる対応関係のパターン。花の形、色、香りなどによって、どのような送粉者によって花粉が運ばれるのかに共通性がある。
→鳥媒花

総苞（そうほう）　involucre　9,10,40,77

花序の基部に、とくに多数の苞（包葉、花に付随して特殊な形や色になった葉）が集まってついているものをいう。個々の苞は総苞片と呼ぶ。タンポポの花の基部にある瓦状のもの、ドクダミやハナミズキに見られる花びら状のものも、総苞である。**→苞　→仏炎苞**

造卵器（ぞうらんき）　archegonium　191

シダ植物、コケ植物などに見られる、卵細胞（雌性の生殖細胞）をつくる器官。シダ植物では前葉体上にできる。種子植物の子房にあたるもの。**→造精器　→前葉体**

相利共生（そうりきょうせい）　mutualism　64

２種の生物が共存して生活している場合に、互いに利益を与えつつ、両者が「仲よく助け合って」暮らしている関係。**→共生**

促成栽培（そくせいさいばい）　forcing　156

温室やビニールハウスなどの施設を用いて、花、果物、野菜などの生育を人為的に促進させる栽培方法。

タ

多年草（たねんそう）　perennial herb　13,19,23,33,34,40,41,60,66,76,97,100,105,106,112,113,138,139,154,155,157,158,159,162,163,172

2年以上生き続ける性質を持つ草（ただし可変的二年草を除く）。温帯に位置する日本では、冬の間は地上部が枯れるが地下部は生きていて、春になれば再び地上部を展開するというサイクルを繰り返す多年草（夏緑多年草）が多い。冬も温暖な地方や雪に庇護される積雪地帯では、１年中緑葉をつける常緑多年草（evergreen perennial）も見られる。繁殖回数という面から見れば、これらは一生に何回も花をつけて繁殖するので、多回繁殖型多年草（iteroparous perennial）という。一方、低緯度地方には地上部を枯らすことなく何年も生き続ける多年草が多い。熱帯高山や火山島などでは、ハワイのギンケンソウのように、何十年もかかって育つが、ただ１回だけ開花結実すると枯死してしまう１回繁殖型多年草（monocarpic perennial, semelparous perennial）も見られる。

単為結実（たんいけつじつ）　parthenocarpy　92

受粉しなくても、子房などが発達して果実がつくられること。単為結果ともいう。単為生殖とはイコールではない。バナナやイチジク、カキなど、果実の中に種子が入っていない場合は、単為結実による。ブドウでは、植物ホルモンのジベレリンを吹きかけることによって、人為的に単為結実を誘導できる。

単為生殖（たんいせいしょく）　parthenogenesis　11,12,13,77,78

雌が雄と関係することなく、つまり卵細胞と精細胞が融合することなく、子をなすこと。少しずつ概念は異なるが、同じ現象を指して無配生殖、無融合生殖と呼ぶこともある。昆虫ではアリマキやナナフシ、植物ではセイヨウタンポポ、ドクダミなどが単為生殖をする。単為生殖によってつくられた種子やそれが育った娘植物は、完全に親と同一な遺伝子を持つ「クローン」になる。**→クローン**

短日植物（たんじつしょくぶつ）　short-day plant　136

昼の時間（日長）が短くなると花芽をつける性質を持つ植物。実際は、植物は夜の長さを計っており、ある一定期間より長い継続した暗期を含む明暗周期が与えられたときに花芽が形成される。キクやポインセチア、オナモミなどが短日植物で、秋になると咲く。この性質を利用して、開花時期を人為的にコントロールすることができる。反対に、昼の時間が長くなると花をつけるような植物は長日植物という。**→電照栽培**

タンニン（たんにん）　tannin　153

渋柿やお茶などでおなじみの、植物に含まれているポリフェノール成分。皮なめし剤や染料、生薬などとして、古くから人間に利用されてきた。タンニンにはタンパク質や鉄と結合して不溶化する性質があり、動物がタンニンを含む植物を多量に食べると、貧血や消化不良を起こし、結果的に体が弱ったり飢えたりすることになる。アルカロイドや強心配糖体のように微量で効く毒とは違うが、タンニンもまた植物の防御物質のひとつである。

チ

窒素固定（ちっそこてい） nitrogen fixation 63,64,65

大気中の窒素ガスからアンモニアをつくりだすこと。窒素固定を行う生物としては、アゾトバクターや根粒菌、放線菌などがある。→**根粒菌**

着生植物（ちゃくせいしょくぶつ） epiphyte , air plant 142

樹の幹や岩などの表面にへばりついて生育する植物。セッコク、ノキシノブ、チランジアなど。付着根や吸盤などで付着するが、相手から養分を奪い取ることはしない。雨量が多かったり空中湿度が高い環境に多く見られる。雨水や樹幹流（幹の表面を流れ落ちる水）から栄養をとっているが、一般に栄養は乏しいため、成長が遅いものが多い。無降雨時には乾燥が厳しいため、貯水組織を発達させているものが多い。

虫嬰花（ちゅうえいか） gall-flower 90,93

虫が寄生して、虫嬰（虫こぶ）がつくられた花。実を結ぶ能力はないか、または失われていることが多い。イヌビワの場合は、植物が初めから虫嬰花になるべきダミー雌花を用意している。

虫媒花（ちゅうばいか） entomophilous flower 113

昆虫類によって花粉が運ばれる仕組みを虫媒（insect pollination, entomophily）といい、昆虫によって花粉が運ばれる花、あるいは昆虫に適応して花の形や色を進化させた花を虫媒花と呼ぶ。美しく花びらを広げたり、よい香りがあったりする花の多くは虫媒花である。昆虫の種類によって、好みの色や嗅覚、体格、行動習性などが異なっているため、花の形や色にもバラエティーがある。虫媒花の主な送粉者としては、膜翅目（マルハナバチ、ハナバチ、ミツバチ、カリバチ、アリなど）、双翅目（ハエ、ハナアブ、ガガンボなど）、鞘翅目（カミキリムシ、コガネムシ、ハナムグリなど）、鱗翅目（チョウ、ガ）などが挙げられる。

鳥媒花（ちょうばいか） ornithophilous flower 170,171

鳥類によって花粉が運ばれる仕組みを鳥媒（bird pollination, ornithophily）といい、鳥によって花粉が運ばれる花、あるいは鳥に適応して花の形や色を進化させた花を鳥媒花と呼ぶ。ツバキはその典型である。一般に鳥は視覚が鋭く、一方で嗅覚は鈍いので、鳥媒花の多くは共通する特徴を備えている。すなわち、赤い花色、頑丈な萼や花びら、豊富な花蜜、香りのない花、横か下向きに咲く花といったような点である。日本ではヒヨドリとメジロ、アメリカ大陸ではハチドリ、オセアニアや南アジアではミツスイ、南アフリカではタイヨウチョウなどが、花の蜜を食糧として日常的に利用している。

重複受精（ちょうふくじゅせい、じゅうふくじゅせい） double fertilization 72,73

被子植物の特徴にもなっている受精の方法で、花粉管内にある2つの精核が、それぞれ卵細胞と極核と合体して二重に受精すること。

テ

テルペン類（てるぺんるい） terpene 80

植物に含まれる油脂。テルペン類と総称される化合物は、5個の炭素原子と8個の水素原子からなるイソプレンユニットからなり、テルペン油（マツ Pinus 属植物などに含まれる油）、芳香のある精油成分（essential oil）、樹脂（resin）などがこれに含まれる。
→フィトンチッド

電照栽培（でんしょうさいばい） light culture 136

夜間照明（電照）で、いわば植物をだまして、開花や成長をコントロールする栽培方法。開花時期を早めたり、成長促進などの効果がある。植物の開花や成長が暗期の長さに左右されることを利用した栽培方法。キクの電照栽培が古くから有名だが、最近ではカーネーション、アルストロメリア、アスター、トルコギキョウといった花ばかりでなく、青ジソなどの野菜、イチゴ、ブドウ、モモなどの果物でも行われている。**→短日植物**

天敵（てんてき） natural enemy 81,102,105,116,117,135

昆虫を食べる鳥などのように、自然界にあってある生物の捕食者として相手を殺したりすることによって、個体数の増加を抑制するような別種の生物のこと。寄生生物や病原微生物も天敵になる。たとえば、昆虫には寄生バチといって、特定の昆虫の卵や幼虫などに寄生してこれを食い破って羽化するようなハチの仲間があり、作物の害虫を防除する方法として特定の寄生バチを放すことが実際に行われている（天敵農法）。

ト

同花受粉（どうかじゅふん） strict self-pollination 33,56,58,59,176,184,185

同じ花の花粉で受粉すること。雄しべを巻き上げるなどして積極的に行う場合と、花粉が降りかかるなど偶発的に同花受粉に至る場合がある。

土壌pH（どじょうぺーはー） soil pH 51

土の酸性あるいはアルカリ性の程度を示す値。pH 7で中性。一般に植物は中性付近でよく生育し、酸性度が高すぎても、またアルカリ度が高すぎても、良好に生育できない。酸性土壌では、カルシウム、カリウム、マグネシウムが欠乏しやすく、またアルミニウムが溶け出ているためにリン酸欠乏になりやすい。アルカリ土壌では、ナトリウムイオンが有害に働き、植物の生育は阻害される。

ナ

ナンジニン（なんじにん） nandinine 153

ナンテンの葉や茎に含まれるアルカロイドの一種で、無色。ナンジニンは水と一緒になると、防腐効果のある青酸をごく微量だが、発生する。ナンテンの葉を生魚の下に敷いたり、赤飯の上に載せたりしたのはこのため。ただし、ナンジニンは有毒で脳や神経を麻痺させる作用を持つので、ナンテンの葉を口に含むのは危険。**→ベルベリン**

ニ

2型花（にけいか） dimorphic flower 19,22,23

同じ種類の花に2型があること。ことにサクラソウのように、雄しべと雌しべに長短の2型があるような異型花柱性（heterostyly）を持つ花では、異なる型の間で花粉の交換が行われないと結実しない仕組みが発達しており、自殖を避ける手段となっている。異型花柱性を持つ植物の中には、長花柱花（ピン型）、短花柱花（スラム型）に加えて雌しべと雄しべの長さが等しい等花柱花を持つものもあり、この場合は3型花と呼ぶ（例：ミソハギ）。
→スラム型　→ピン型

ニコチン（にこちん） nicotine 97

タバコに含まれるアルカロイドの一種。毒性は強く、純粋なニコチンを経口摂取した場合は体重1Kgあたり0.001～0.004gで中毒症状が出る。神経に作用し、血圧上昇、神経錯乱などを経た後に全身が麻痺・痙攣し、血圧低下、呼吸困難を起こして死亡に至る。そのため、殺虫剤として利用される。気になる毒性だが、たとえば水に紙巻きタバコの吸い殻をほぐしたものを浸けておき、庭の草花の汁を吸うアブラムシに霧吹きで吹きかけると、たちまち死ぬ。家族がタバコの吸い殻を灰皿代わりのジュース缶に捨て、そうとは知らずに幼児が缶に残っていたジュースを飲んでしまって急性中毒を起こし、病院にかつぎ込まれる事件は後を絶たない。

二色効果（にしょくこうか） bicolor effect 155

果実などで、赤と黒、赤と青など、コントラストの強い二色を配することで、より視覚的に強い刺激が与えられる効果。鳥散布果実や種子にしばしば見られ、赤い未熟果と黒い熟果が混在するもの（サンゴジュ、ゴマギなど）、果柄が赤く果実が黒いもの（ミズキ、ヨウシュヤマゴボウなど）、果皮が赤く種子が黒いもの（サンショウ、ゴンズイ、トキリマメなど）、萼が青く果実が赤いもの（クサギ）などが挙げられる。

二年草（にねんそう） biennial herb 33,82,84,163

種子が発芽してもその年のうちには開花しないが、2年目に実を結ぶと枯れてしまう植物。しばしば冬一年草（越年草）と混同され、図鑑などでも誤った記載が目につくが、冬一年草は1年未満で生活史を完結させるもので、ふつうは秋に発芽して翌春に開花するのに対し、二年草は春に発芽したものが越冬して翌年の春以降に開花する、あるいは秋に発芽したものは翌年の秋に開花するなど、丸1年以上の寿命を持つものを指す。**→可変的二年草**

2倍体（にばいたい）　diploid　11,12,95

2組の染色体セットを持つ個体。父方の生殖細胞（精子、花粉）と母方の生殖細胞（卵）から染色体の基本セットを１つずつもらい、受精卵は各染色体が2本ずつの2倍体になる。人間を含めて動物一般、それに種子植物の多くは2倍体が基本。**→3倍体**

ネ

ネマトーダ（ねまとーだ）　nematode　79,80

根瘤線虫のこと。土の中に住む小さな線虫類で、植物の根に寄生すると、これをコブ状にし、弱らせてしまう。園芸植物のマリゴールドの匂いは、このネマトーダを殺す働きがある（**→アレロパシー**）。そこで、ダイコンのタネまき前にマリゴールドを鋤こむと、農薬なしで健康なダイコンがつくれる。

稔性（ねんせい）　fertility　49

有性生殖をして、子孫をつくる能力、もしくはその能力があること。種子植物では、花粉や卵をつくる能力を指す。反対語、つまり花粉や卵をつくる能力がない場合は不稔性。

粘着体（ねんちゃくたい）　viscidium, viscid disc　68,69,71

ラン科の花粉塊が昆虫に付着するための部分、いうなれば接着テープ。**→花粉塊**

ハ

胚（はい）　embryo　72,73,74,75

生物の個体の発生段階の初期の状態にあるもの。植物の場合、種子がある程度、熟して休眠状態に入ったときに胚は完成したものと見なしている。

胚珠（はいしゅ）　ovule　11,29

植物の卵子で、受精後に種子となる。中心に胚嚢があり、その外側を珠心と珠皮が包む。

胚乳（はいにゅう）　ovule　72,73

植物の種子の一部で、発芽や初期成長に必要な栄養分を蓄えているところ。重複受精が行われてできる。

発芽阻害（はつがそがい）　seed germination inhibition　151

種子の発芽が抑制されること。果実自身の胚、種皮、果皮、果肉などに発芽阻害物質を含む、いうなれば自らが“抵抗勢力”となっている場合と、外部から加えられた何らかの要因（化学物質、温度、光条件など）による場合とがある。前者の場合は、生育適期以外の発芽を避ける、一斉に発芽して異常気象などにより全滅する危険を避ける、鳥に食べられずに親木の下に落下した種子は発芽しないことで種内競争を回避する、などのメカニズムと考えられている。

発芽阻害物質（はつがそがいぶっしつ）　inhibitory substance, substance inhibiting germination　151

種子の発芽を阻害する物質。果実が鳥に食べられて種子が運ばれるタイプの植物では、果実に発芽阻害物質を含むものが知られている。こうした種子では、鳥の消化管を通ることによって発芽阻害物質が化学的、物理的に取り除かれると、はじめて種子は発芽できるようになる。

春植物（はるしょくぶつ）　spring ephemeral　33,157,158,159,161

→スプリング・エフェメラル

半寄生（はんきせい）　hemiparasite　142

寄生植物のうち、寄主から水分やミネラルをもらうものの、自らも葉緑素を持ち、光合成を行って炭水化物などの有機物をつくりだす寄生形態。緑色の葉を持つ。地面を離れて樹上生活を送るもの（ヤドリギの仲間）と、地下で寄生根を伸ばして他植物の根にからませるもの（ゴマノハグサ科のシオガマギクやママコナやコゴメグサの仲間、ビャクダン科のツクバネやカナビキソウなど）がある。後者の場合は、見ただけでは寄生植物とは分からない。**→全寄生　→寄生**

ヒ

ピン（ぴん）　pin　19,20,21

雌しべの長さが異なる2型花（異型花柱花）で、雌しべが長いタイプの花。「長花柱花」とも呼ぶ。ピンとは、花を上から見たときに、雌しべの柱頭が丸く虫ピンの頭のように見えるから。もう一方の雌しべが短いタイプは、スラム（短花柱花）という。サクラソウでは、雄しべより花柱が長くて雄しべの葯が柱頭より位置するピン型の花と、花柱が短くて葯が柱頭より上に位置するスラム型の花があり、互いに自分と違う型の花の花粉が柱頭についたときにのみ受精が成功する。つまり、同一タイプの花の間では受精できない。
→スラム　→2型花

フ

フィトンチッド（ふぃとんちっど）　phytoncide　80

森林の樹木が発散する揮発性物質で、主な成分はテルペン類と呼ばれる有機化合物。広くはアレロパシーに含められる。樹木の防衛手段のひとつで、他の植物の成長阻害、昆虫や動物に対する摂食阻害、殺虫・殺菌などの作用があることが知られている。人体に対しては有益に働くというので、森林浴ブームを呼んだ。1930年代に、旧ソ連のB.P.トーキン博士が発見し、フィトン（植物が）チッド（殺す）と命名した。
→アレロパシー　→テルペン類

風媒花（ふうばいか）　anemophilous flower　108,136

花粉を風に運んでもらう植物。たいてい花びらを持たず、目立たない。花粉も風に飛びやすいような形態で、多量につくられるものが多い。雌しべの柱頭は大きく広がるか長く垂れ下がり、空中を飛んでくる花粉を受ける。スギ、ヒノキ、ヨモギ、ブタクサ、カナムグラ、ホソムギなど、広く花粉症の原因になる植物は、みな風媒花である。裸子植物はソテツなど一部を除き、風媒花である。被子植物の木本類ではヤマモモ科、クルミ科、ヤナギ科、カバノキ科、ブナ科、ニレ科、フサザクラ科、カツラ科など、草本類ではヨモギやブタクサなどキク科の一部、オオバコ科、クワ科、イラクサ科、イグサ科、カヤツリグサ科、イネ科など。

フェロモン（ふぇろもん） pheromone 32

動物の体内から分泌・放出され、同種他個体の行動や生理的状態に影響を及ぼす化学物質の総称。カイコガの性フェロモン、ゴキブリの集合フェロモン、アリやミツバチの警戒（警報）フェロモンなどが知られているが、まだまだ謎も多い。植物がつくるフェロモン擬態物質に関しては解明が始まったばかりである。

腐生ラン（ふせいらん） saprophytic orchid 73

ランの中には成長しても緑葉を持たず、光合成もせず、一生をラン菌に依存して生きる種類がある。このようなランの総称。無葉ランとも呼ぶ。腐生（saprophytism）の定義は、生物の遺骸や排泄物およびその分解過程にあるもの（デトリタスという。腐葉土のような状態を指す）を栄養源として生活することであるが、腐生植物（saprophyte）といわれるものは、実際にはデトリタスを直接分解しているのではなく、デトリタスを分解している菌類との間に菌根を発達させて栄養を搾取している。この意味で、腐生ランを含めた腐生植物は、実際は腐生ではなく菌類に寄生する植物群である。腐生植物には、ほかにギンリョウソウ、ホンゴウソウなどがある。

付属体（ふぞくたい） appendage 31,40,42,46,47

様々な組織についた小片の総称。そのため、植物によって示すものは異なる。たいていの場合、付属しているものの名前と一緒に、何々の付属体といういい方をする。マムシグサの場合、閉鎖花序の先端が特異な形に変形しており、この部分を花序の付属体と呼んでいる。

フマール酸（ふまーるさん） fumaric acid 182

有機酸のひとつで、生体エネルギーをつくりだす重要な回路であるクエン酸回路を支える歯車のひとつである。植物では、カリウムと結合した形で広く存在する。

プタキロサイド（ぷたきろさいど） ptaquiloside 193

ワラビに含まれる発癌物質。プタキロシドとも読む。ワラビは北半球に広く分布するが、ヨーロッパの放牧地ではウシやヒツジなどの家畜に昔からワラビ中毒が知られ、慢性血尿症や急性中毒が深刻な問題だった。この毒の正体は名古屋大学を中心とした研究グループによって1980年代に解明され、プタキロサイドと名づけられた。ネズミを用いた実験では、少量のプタキロサイドを与え続けると乳腺や回腸、膀胱に癌が発生し、また大量（体重１Kgに対し780mg）に与えると血尿が出て数日以内に死亡した。プタキロサイドは酸やアルカリ、熱に不安定なため、伝統的なアク抜きによってほぼ100%分解されて無害になる。

付着散布（ふちゃくさんぷ） epizoochory 137,139,140

植物の種子散布様式の一種で、動物や人に付着して種子が運ばれる仕組み。種子や実に、かぎ状の毛やとげがあるもの（オナモミ、ヌスビトハギ、キンミズヒキ、ゴボウなど）、逆さトゲがあるもの（イノコズチ、センダングサ類など）、粘液でくっつくもの（メナモミ、チヂミザサなど）、大きなカギ爪やトゲがあるもの（ライオンゴロシ、ツノゴマ、ヒシなど）がある。一般には風散布とされるものの中でも、ガマのように柔らかな綿毛で水鳥の羽毛について運ばれるものがある。また鳥散布種子の中でもヤドリギやトベラのように粘って嘴や羽毛にはりついて運ばれるものもある。**→種子散布**

仏炎苞（ぶつえんほう） spathe 40,42,43,46,47

サトイモ科植物で、花序を包む葉（苞）が変形したもの。マムシグサやミズバショウ、ザゼンソウ、アンスリウム、スパティフィラムなど。**→苞**

フラボン（ふらぼん） flavon 50,53

花びらなどに含まれる色素群。黄色〜橙色の色素として、遊離状態あるいは配糖体の形で存在する。人の目には淡い色に映るが、紫外線を吸収するので、紫外色まで見える虫の目には鮮やかに映っているはずである。花を紫外線カメラで撮影すると、人の目には見えなかった模様が写し出されたりするが、これは花びらにフラボン類が局在しているためである。

へ

閉鎖花（へいさか） cleistogamous flower 29,30,31,33

花びらが退化して、つぼみの形のまま花を開くことなく、内部で自家受粉（同花受粉）をして実を結ぶ花。確実に実を結ぶが、近親交配の弊害も現れやすい。スミレ類、ホトケノザ、ヤナギタデ、ミゾソバ、センボンヤリなどに見られる。**→開放花**

ベタレイン（べたれいん） betalain 50,122,123,155

赤ビートの根、ホウレンソウの株元、ヨウシュヤマゴボウの果汁などの色を出す色素。ナデシコ科を除くナデシコ目（ザクロソウ科・ツルムラサキ科・スベリヒユ科・ヒユ科・アカザ科・サボテン科・オシロイバナ科・ヤマゴボウ科）の植物だけに含まれる。アントシアンやカロチノイドと違い、窒素を含む化合物である。これらの植物には構造がよく似て黄色を発色するベタキサンチンも含まれ、紅色を発色するベタニンと合わせてベタレインと呼んでいる。**→アントシアン**

ペデロシド（ぺでろしど） pederocide 79,100,101,102

ヘクソカズラが持つ含イオウ化合物で、分解するとメルカプタンを生じる。アカネ科植物が持つ一群のイリドイド iridoid（テルペン類の一種）のひとつで、イリドイドは昆虫に対しては忌避物質として働く。**→メルカプタン**

ベルベリン（べるべりん） berberine 149,153

メギ科のナンテンやメギ、ヒイラギナンテンなどの茎や根に含まれるアルカロイドの一種。黄色い色をした薬用成分で苦い。健胃薬や下痢止め薬に使われる（「ワカ末」の主成分は塩化ベルベリンである）。茎には別のアルカロイドであるナンジニンも含まれる。
→ナンジニン

辺材（へんざい） sapwood 143

樹木の幹の周縁部分。幹の中心部分にあって死んだ細胞からなる心材に対し、生きた細胞が含まれていて、機械的な支持機能だけでなく、水や養分の流れや養分の貯蔵という役割を持っている部分。**→心材**

ホ

苞（ほう） bract 56,77,78,80

包葉ともいう。花に付随した葉が特殊な形に変わったもので、大きく色づくものでは一見、花びらのように見える。１個１個の花に付属している、あるいは花序の基部に少数がつく場合は苞、花序の基部に集まってつく場合は総苞と呼ぶ。サトイモ科の仏炎苞、ハンカチノキ、ポインセチアなどで花びらのように見えるのも苞。**→総苞　→仏炎苞**

訪花昆虫（ほうかこんちゅう） pollinater 50

花を訪れる昆虫、あるいは特定の花に来る昆虫。一般的には、花を訪れる虫＝花粉を運ぶ虫、と考えて、ポリネータ pollinater（花粉媒介者、送粉者）の意味で訪花昆虫という語が使われてきたが、実際は花を訪れたからといって花粉を有効に運んでいるとは限らないことから、最近は送粉者という用語を使う研究者が多い。しかし、まだ一般的な用語にはなっていない。本書では、あえて広く用いられている訪花昆虫という用語を、pollinater の意味で使った。

胞子（ほうし） spore 188,190,191

胞子植物（シダ類、コケ類）の生殖細胞の一種で、単独で新しい個体になることができるもの。シダの葉の裏からこぼれ落ちる茶色の粉や、ツクシの頭から散る緑色の粉がこれで、地面に落ちると発芽して前葉体になる。

胞子体（ほうしたい） sporophyte 191

胞子をつくる世代の生物体。ふつう目にするシダ植物の体は胞子体である。胞子体は染色体のセットを2つ持つ倍数体で、減数分裂をして胞子をつくる。**→胞子　→前葉体**

放射冷却（ほうしゃれいきゃく） sky radiation cooling 35,62

夜間に地表面から熱が上空に放射されて地表近くの気温がぐっと低下すること。晴れて風が弱い夜に著しい。曇った夜は地上からの熱の放射が雲にさえぎられるため、放射冷却はあまり起こらない。都会では排ガスや粉塵が雲と同じ役割を果たして放射冷却が起こりにくい。放射冷却で冷えるのは地表面だけではない。空を向いた葉の表面でも同様に放射冷却が起こり、葉温は気温よりも低くなる。クローバーやカタバミ、クズ、シソなどの葉は、夜に葉を立てたり垂らしたりするが、これには葉の角度を水平からずらし、放射冷却を防いで葉温を高く保つ意味がある。

ホスト（ほすと） host 142

→寄主

マ

マルハナバチ（まるはなばち） bumble bee 20,21,22,26,27,50,52,159

ハナバチの仲間で、ミツバチよりも大きく、体がぬいぐるみのような毛に覆われている。女王が産卵し、雌の働き蜂が協力して子育てをするが、ミツバチほど大きな巣はつくらない。ミツバチは群のメンバーが情報交換をして１種類の花から集中して蜜や花粉を運び込むが、マルハナバチは個々のメンバーがそれぞれ自分の体格に合った花を選んで、同じ種類の花の間を集中的に飛び回る。また、飛翔筋が発達して翅をふるわすことで体温を維持することができるので、寒い日にも活動することができる。このような行動習性から、花から見ればマルハナバチ類の花粉運搬効率は非常に高く、花の形や色をマルハナバチに適応させて受粉を頼っている花（マルハナバチ媒花）はとても多い。花が大型で一部に膨らみがあるものは、まずマルハナバチ媒花と思って間違いない。ホタルブクロ、ノハナショウブ、ツリフネソウ、ハコネウツギ、コマクサ、ギボウシ、トリカブトなどが例。

ミ

蜜源植物（みつげんしょくぶつ） 113

ミツバチに蜜を採らせるのに適した植物の総称。花の蜜量に加えて一定期間に群がって咲く花が適している。主なものに、ゲンゲ（レンゲソウ）、ニセアカシア、トチノキ、ソバ、ベニバナツメクサ、ハリエンジュ、シナノキ、ヤナギランなどがある。

蜜腺（みっせん、みつせん） nectary 169,194

蜜を分泌する組織。花の内部、ことに雄しべや雌しべの基部にあることが多いが、花盤や花弁上に存在することもある。花の内部にある場合は花内蜜腺または花蜜腺、花以外の部分にある場合は花外蜜腺と呼ぶ。**→花外蜜腺**

ム

むかご aerial tuber, bulbil 13

養分を蓄えて肥大した不定芽の一種で、地上に落ちて新しい個体を生じるもの。珠芽、肉芽ともいう。食用になるヤマノイモ（ジネンジョ）のむかごを特に指すこともある。オニユリでは茎の葉腋に、セイロンベンケイやシコロベンケイ、ショウジョウバカマでは葉の縁に、ノビルでは花序に、それぞれむかごを生じる。**→栄養繁殖**

メ

メルカプタン（めるかぷたん） mercaptan 79,100

イオウを含む有機化合物で、チオール（thiol）ともいう。一般に揮発しやすく、不快臭がある。ヘクソカズラの持つペデロシドが分解されても生じてくる。**→ペデロシド**

モ

モルヒネ（もるひね） morphine 97

ケシに含まれるアルカロイドの一種。モルヒネは重要な医薬として鎮痛などに用いられる。ケシの未熟果を傷つけて得られる乳液を集め、乾燥粉末としたものが阿片で、モルヒネのほか、コデインなど20種類以上のアルカロイドが含まれている。阿片を吸煙すると陶酔状態になるが、慢性中毒に陥ると廃人同様になり、ときには死に至る。微量のモルヒネをワインやリキュールに加えてカクテルにしたものはブロンプトン・カクテルと呼ばれ、終末医療において末期患者の苦痛を取り除き、残りの人生の質を高めるために使われている。

ヤ

葯（やく） anther 29,56,169

雄しべの先端にある、花粉を入れている袋状の構造。花粉袋ともいう。

ユ

有性生殖（ゆうせいせいしょく） sexual reproduction 12,13

雌と雄という性の存在のもとに、減数分裂、受精というステップを経る生殖法。有性生殖によって生まれた子は、遺伝子の組み合わせが親とは異なる。→赤の女王仮説

雄性先熟（ゆうせいせんじゅく） protandry 176

両性花で雄しべが先に熟すること。雄蕊（ゆうずい）先熟ともいう。雄しべが先に成熟し、花粉を出してしなびた後、雌しべが成熟して花粉を受け取る。同花受粉を避ける仕組みである。逆の順序の場合は、雌性先熟という。**→雌性先熟**

ヨ

葉枕（ようちん）　leaf cushion（pulvinus）　63

葉柄が枝につくところ、あるいは複葉の小葉が葉軸につくところにある、膨らんだ部分。ここの細胞が膨圧運動をすることにより、葉の開閉運動が起こる。

幼葉（ようよう）　juvenile leaf　130,133

異形葉をつける植物が、幼い生育段階のときにつける葉。**→成葉**

ラ

落葉樹（らくようじゅ）　deciduous tree　53,88,91,121,122,142,153,155

１年のある時期には葉を落としている木。温帯には冬に葉を落とす落葉樹が多い。
→常緑樹

ランナウェイ（らんなうぇい）　runnaway　28

進化の過程で、花と送粉者のように密接な関係にある２者が、影響を及ぼしあって急速に特殊化していくこと。ランの距とスズメガの口の長さの例は有名。美しい鳥のフウチョウなどで、雌がより好みをすることによってオスの尾羽がどんどん長くなってしまうのもランナウェイの例である。

リ

リコリン（りこりん）　lycorine　94,97

ヒガンバナ科のヒガンバナやスイセン、ハマユウなどに含まれるアルカロイドの一種。有毒で、誤って食べると腹痛、吐瀉を引き起こす。一方で去痰、鎮咳作用があり、薬用にもなる。

離層（りそう）　absciss layer　121

葉、花、果実などが成熟して植物体から離れ落ちる直前に植物体との間に形成されて、落葉や落果をスムーズに進行させる細胞層。

両性花（りょうせいか）　hermaphrodite flower　49,50,56,57

ひとつの花の中に雄しべと雌しべの双方を持つもの。

林床植物（りんしょうしょくぶつ）　forest floor plants　164,165

昼なお暗き林の下（林床）で生きる植物の総称。シダ類、スゲ類、常緑性草本や低木など、少ない光に耐えて節約型の生活をするタイプと、春一番に葉を広げ、瞬く間のうちに花を咲かせ、実までつけ、夏には休眠してしまう短期決戦型のタイプがある。いわゆるスプリング・エフェメラルは後者の代表的存在。**→スプリング・エフェメラル**

ロ

ロゼット（ろぜっと）　rosette　84,85,141,183,184,186,187

冬越しをする植物がとる生育形のひとつで、寒風に絶えるため茎を短くし、多数の葉を地表面にそって放射状に広げた姿。上から見るとバラの花弁状に見えるので、ロゼットという。タンポポ属などのように、ロゼットで冬越しをする植物をロゼット植物という。

あとがき

わが家の庭でフクジュソウが早春の陽を仰いでいる。ハコベも小さな瞳を開けた。街を歩けばジンチョウゲの香り。きのうは梅が満開の小石川後楽園での観察会だったが、参加者と一緒に落ち葉をかき分けると紫褐色をしたハランの花が現れた。

ハランの花は不思議な花だ。落ち葉の下で上向きに咲く釣り鐘状の花は、雌しべが大きく広がって入り口をふさいでいるので、径２mmほどのすき間を通らないと雄しべが待つ内部には入れない。探せばピンポンボール ぐらいの大きさの緑色の実もあり、琥珀色のタネがこぼれているところを見ると、きっと何者かが花粉を運んだに違いない。いったい誰が？　鼻を近づけると花はかすかにキノコのような香り。この花もまた、花粉をキノコバエに運ばせているのだろうか？

幼い私の小さな世界にも、不思議はいっぱいころがっていた。夕暮れに香るクレオメの花。触れると飛び出すカタバミのタネ。トレニアの花に馬乗りになり、花びらをかみ切って蜜を吸っていたクマバチ。葉っぱをちぎるとあるものは糸を引き、あるものは香り、あるものは汁を出した。なんでだろう？　何をしているんだろう？　なんで違うんだろう？

大学で植物学を専攻した私は、植物のさまざまな形や性質の違いや子孫を残す仕組みの不思議が知りたくて、分類学さらに植物生態学の研究室へと進んで研究に取り組んだ。

日光や富士山中腹でフィールド調査に取り組んでいた時期がある。調査とは地道な単純作業である。ただ一人黙々と、一本一本の位置を方眼紙に記し、草丈を計り、花や実を数え、花に来る虫を観察し、動物の食害や病気の発生を記録する。何回も何年も、試行錯誤の繰り返し。夕方には腰痛。クマには遭遇。驟雨の襲来。ヌカカやダニの襲来。ときには人間も要注意。

植物だけを見つめていたわけでもない。野原でじゃれ合うキツネの親子を眺め、山道でシカと鉢合わせし、ヘッドライトの中をムササビやフクロウがよぎる。山菜ラーメンや採りたてキノコ入りラーメンも美味しかったこと。私もまた、自然の一部だった。

主婦業に加えて大学講師と著述業と研究者と、4足のわらじを履いてだいぶ経つ。小学生の子どもたちと一緒に外で遊びながら、私も小さいアリス（？）に戻っている。

ね、ふとした草かげにも、注意深く目を向けさえすれば、不思議の国の入り口は開いているでしょ。今度はハランの花を一緒に探してみよう。何の匂いって思うかなあ？　もし虫が花に入ってたら大発見だ！

2002年2月

多田 多恵子

謝　辞

本書は、青春出版社発行の「月刊ビッグ・トゥモロウ」誌に掲載された「街の野草フシギ大図鑑」（1998年５月号～2000年４月号）を大幅に加筆修正したものに、山と溪谷社発行の「山と溪谷」誌に掲載された「なぜ花たちは一斉に咲くのか」（2000年４月号）の一部、それに新たに書き下ろしを加えて編集したものです。青春出版社の原田浩二さん、村上謙郎さん、山と溪谷社の神谷有二さんにはお世話になりました。

本書の内容に関連して、山崎敬先生、河野昭一先生をはじめ、矢原徹一さん、森田竜義さん、鷲谷いづみさん、井上健さん、丸田恵美子さん、可知直毅さん、瀧本敦さん、藤下典之さん、西田律夫さん、上田恵介さん、岡本素治さん、小泉博さん、田中肇さん、矢追義人さん、寺島一郎さん、塚谷裕一さん、猪原直弘さん、横山潤さん、石田厚さんほか、諸先生方や先輩、友人たちからいろいろ教えていただきました。この場を借りてお礼申し上げます。そして、山崎先生、岩槻邦男先生、佐伯敏郎先生、大場秀章先生、今さらながらありがとうございました。

私の母の友人であり生活評論家でもある西川勢津子さんは、この本が生まれるきっかけをつくってくださいました。暖かく有能で寝不足にも負けないムルハウスの皆さん、絵の雰囲気そのままに素敵な江口あけみさんに出会えたことは、公園探検の企画の楽しさまで加わり、私に大きな飛躍をもたらしてくれました。心からの大声で感謝申し上げます。

最後に、私の大切な家族、そして友人たち。
万感を込めて、ありがとう！

主要参考文献

植物の私生活　D.アッテンボロー著　門田裕一監訳（山と溪谷社）
植物の世界　岩槻邦男他編（朝日新聞社）
フィールドウォッチング　1～8　河野昭一・田中肇編（北隆館）
植物の世界1～4　河野昭一監修（ニュートンプレス）
植物の生態図鑑　山田卓三・清水清著（学習研究社）
The Sex Life of Flowers　B.Meeuse & S.Morris, Facts on File Publ.
生物たちの不思議な物語　深海浩（化学同人）
共進化の謎に迫る　高林純示・西田律夫・山岡亮平著（平凡社）
共生の科学　小沢正昭（研成社）
花・鳥・虫のしがらみ進化論　上田恵介著（築地書館）
植物の繁殖生態学　菊沢喜八郎（蒼樹書房）
花の性　矢原徹一（東京大学出版会）
花に秘められた謎を解くために　田中肇（農村文化社）
花と昆虫がつくる自然　田中肇（保育社）
朝に咲く花・夕に咲く花　南光重毅（誠文堂新光社）
花を咲かせるものは何か　瀧本敦（中公新書）
花ごよみ花時計　瀧本敦（中央公論新社）
サクラソウの目　鷲谷いづみ著（地人書館）
オオブタクサ、闘う　鷲谷いづみ著（平凡社）
保全生態学入門　鷲谷いづみ・矢原徹一（文一総合出版）
日本の帰化生物　鷲谷いづみ・森本信生（保育社）
種子は広がる　中西弘樹（平凡社）
たねと実の世界　柴田保彦編（大阪市立自然史博物館・第6回特別展解説書）
薬用植物へのいざない　糸川秀治（裳華房）
生物毒の世界　日本化学会編（大日本図書）
植物観察入門　原嚢・福田泰二・西野栄正（倍風館）
改著　植物解剖および形態学　小倉謙（養賢堂）
日本の野生植物　佐竹義輔他・編（平凡社）
野に咲く花　林弥栄監修（山と溪谷社）
山に咲く花　畔上能力編・解説（山と溪谷社）
樹に咲く花1.2.3　太田和男他解説（山と溪谷社）
日本のスミレ　いがりまさし著（山と溪谷社）
図説　花と樹の大事典　木村陽二郎監修（柏書房）
岩波生物学辞典（岩波書店）
岩波理化学辞典（岩波書店）
資源植物事典　芝田桂太編（北隆館）
最新・植物用語辞典　下郡山正巳他編（廣川書店）
A Glossary of Botanic Terms　B.D.Jackson, Gerald Duckworth & CO LTD
生態の事典　沼田眞編（東京堂出版）
生態学辞典　沼田眞編（築地書館）

植物名索引 [学名付] ＊太字は写真掲載ページ

ア

アオイスミレ *Viola hondoensis* ……31,**32**
アオキ *Aucuba japonica* ……150,176,**177**,178
アオギリ *Firmiana simplex* ……17
アカカタバミ *Oxalis corniculata* f. *rubrifolia* ……34
アカザ *Chenopodium album* var. *centrorubrum* ……122
アカツメクサ（ムラサキツメクサ）
Trifolium pratense ……**61**
アカミタンポポ *Taraxacum laevigatum* ……**11**
アカミヤドリギ *Viscum album* var. *coloratum*
f. *rubro-aurantiacum* ……144
アカメガシワ *Mallotus japonicus* ……124,194,**195**
アキタブキ *Petasites japonicus* subsp. *giganteus* 172,**179**
アキニレ *Ulmus parvifolia* ……16,17
アキノキリンソウ *Solidago virga-aurea* ssp. *asiatica* **115**
アクィレギア フォルモーサ *Aquilegia formosa* ……**171**
アケボノスミレ *Viola rossii* ……**25**
アコウ *Ficus superba* var. *japonica* ……**93**
アサザ *Nymphoides peltata* ……23
アシ *Phragmites communis* ……134
アジサイ *Hydrangea macrophylla* ……48,**49**,50,**51**,52
アスパラガス *Asparagus officinalis* ……176
アズマイチゲ *Anemone raddeana* ……158
アセビ *Pieris japonica* ……96,**97**,103
アフリカホウセンカ（=インパチエンス）
Impatiens walleriana ……39
アマチャ *Hydrangea serrata* ……48
アマナ *Tulipa edulis* ……**159**,161
アメリカデイコ *Erythrina cristagalli* ……170
アリアカシア *Acacia sphaerocephala* ……194,195
アリドオシ *Damnacanthus indicus* ……148
アレチマツヨイグサ *Oenothera biennis* ……84
アワダチソウ *Solidago virga-aurea* ssp. *asiatica* 103,113
アングレクム・セスキペダレ
Angraecum sesquipedale ……**28**

イイギリ *Idesia polycarpa* ……150,**151**,152
イガオナモミ *Xanthium italicum* ……134,**135**
イカリソウ *Epimedium grandiflorum*
var. *thunbergianum* ……162
イタドリ *Polygonum cuspidatum* ……36,194
イタヤカエデ *Acer mono* ……120
イチゴ *Fragaria* × *ananassa* ……154
イチジク *Ficus carica* ……88,90,**92**,93,128
イチョウ *Ginkgo biloba* ……114,122,176
イチリンソウ *Anemone nikoensis* ……160
イヌガラシ *Rorippa indica* ……**187**
イヌビワ *Ficus erecta* ……88,**89**,**90**,**91**,**92**,93
イノコズチ *Achyranthes japonica* ……134,138
イモカタバミ *Oxalis articulata* ……**36**,37
イロハカエデ *Acer palmatum* ……118,120,**121**
イワウチワ *Shortia uniflora* var. *kantoensis* ……164
インドゴムノキ *Ficus elastica* ……88,90,126
インパチエンス *Impatiens wallerana* ……27,38,**39**

ウグイスカグラ *Lonicera gracilipes* var. *glabra* ……154
ウスアカカタバミ *Oxalis corniculata* f. *tropaeoloides* 34
ウチョウラン *Orchis graminifolia* ……27
ウツギ *Deutzia crenata* ……164
ウツボカズラ *Nepenthes* 属 ……**44**,125
ウマノスズクサ *Aristolochia debilis* ……**102**,103
ウメ *Prunus mume* ……156,171
ウラシマソウ *Arisaema urashima* ……40,**46**
ウリハダカエデ *Acer rufinerve* ……**120**

エイザンスミレ *Viola eizanensis* ……24,**25**
エゴノキ *Styrax japonica* ……105,164
エゾアジサイ *Hydrangea serrata* var.*megacarpa* ……48
エゾエンゴサク *Corydalis ambigua* ……**158**,159
エゾタンポポ *Taraxacum hondoense* ……9,10,11
エニシダ *Cytisus scoparius* ……97
エノキ *Celtis sinensis* ……**122**,142
エンゴサク *Corydalis yanhusuo* ……161

エンジェルズトランペット（キダチチョウセンアサガオ）
Datura suaveolens（=*Brugmansia suaveolens*）・・・・97
エンレイソウ　*Trillium smallii*・・・・・・・・・・・・・・32,161

オオアレチノギク　*Erigeron sumatrensis*・・・・・・**186**,187
オオイタビ　*Ficus pumila*・・・・・・・・・・・・・・・・・・・**93**
オオイヌノフグリ　*Veronica persica*・・・・・・・・・・・・**184**
オオオナモミ　*Xanthium canadense*・・・・・・134,**135**,140
オオキバナカタバミ　*Oxalis pes-caprae*・・・・・・・・・・**36**
オオバキスミレ　*Viola brevistipulata*・・・・・・・・・・24,25
オオバコ　*Plantago asiatica*・・・・106,**107**,**108**,110,111
オオバコ‘アトロプルプレア’
Plantago major ‘Atropurpurea’　**111**
オオバナノエンレイソウ　*Trillium kamtschaticum*　**163**
オオブタクサ　*Ambrosia trifida*・・・・・・・・・・・・・・・・22
オオボウシバナ　*Commelina communis*
var. *hortensis*・・・・54,**55**
オオマツヨイグサ　*Oenothera erythrosepala*　82,83,84,**85**
オオモミジ　*Acer palmatum* var. *amoenum*・・・・・・118
オシロイバナ　*Mirabilis jalapa*・・・・・・・・・・・・・・**59**,**87**
オッタチカタバミ　*Oxalis stricta*・・・・・・・・・・・・・・・**37**
オナモミ　*Xanthium strumarium*・・・・・・・・・・・・34,**135**
オナモミ（類）*Xanthium* spp.　62,136,137,138,140,141
オニアザミ *Cirsium borealinipponense*・・・・・・・・・・・・16
オモト　*Rohdea japonica*・・・・・・・・・・・・・・・・・・・・・96
オヤブジラミ　*Torilis scabra*・・・・・・・・・・・・・・・・　**138**

カ

カエデ（類）　*Acer* spp.・・16,118,119,120,121,124,125
ガガイモ　*Metaplexis japonica*・・・・・・・・・・16,102,103
ガクアジサイ　*Hydrangea macrophylla* f. *normalis*
・・・・・・・・・・・・・・・・・・・48,49,51,52
ガクウツギ　*Hydrangea scandens*・・・・・・・・・・・・・・・48
ガジュマル　*Ficus retusa*・・・・・・・・88,126,**127**,128,**129**
カタクリ　*Erythronium japonicum*・・・・32,**33**,158,**159**,
161,**164**,165
カタバミ　*Oxalis corniculata*・・・・・・34,**35**,36,**37**,38,62
カトレア　*Cattleya* spp.・・・・・・・・・・・・・・・・・・・・66,69
カナメモチ　*Photinia glabra*・・・・・・・・・・・・・・**123**,124
カブ（スズナ）　*Brassica rapa*・・・・・・・・・・・・・・・・181
ガマ　*Typha latifolia*・・・・・・・・・・・・・・・・・・・・16,134
カラスウリ　*Trichosanthes cucumeroides*・・・・86,87,176
カラスノエンドウ　*Vicia angustifolia* var. *segetalis*　38,194
カラタチバナ　*Ardisia crispa*・・・・・・・・・・・・・148,**149**
カルミア　*Kalmia latifolia*・・・・・・・・・・・・・・・・・・・97
カンサイタンポポ　*Taraxacum japonicum*・・・・・・9,**10**
カンツバキ　*Camellia*×*hiemalis*・・・・・・・・・・・・・・168
カントウタンポポ　*Taraxacum platycarpum*　**9**,10,11,**12**
カンボク　*Viburnum opulus* var. *calvescens*・・・・・・152

キウイフルーツ　*Actinidia chinensis*・・・・・・・・・・・・**176**
キカラスウリ　*Trichosanthes kirilowii* var. *japonica*・・**87**
キキョウソウ　*Specularia perfoliata*・・・・・・・・・・・・・29
キク　*Chrysanthemum grandiflorum*・・・・・・・・・・・136
キクザキイチゲ　*Anemone pseudo-altaica*・・・・**158**,159
キケマン　*Corydalis heterocarpa* var. *japonica*・・・・・・32
ギシギシ　*Rumex japonicus*・・・・・・・・・・・・・・・・・・・36
キスゲ（=ユウスゲ）　*Hemerocallis vespertina*・・・・86
キタダケトリカブト　*Aconitum kitadakense*・・・・・・**97**
キダチアロエ　*Aloe arborescens*・・・・・・・・・・・・170,**171**
キダチチョウセンアサガオ（エンジェルズトランペット）
Datura suaveolens（=*Brugmansia suaveolens*）・・・・97
キバナノアマナ　*Gagea lutea*・・・・・・・・・・・・・・・・159
キバナノコマノツメ　*Viola biflora*・・・・・・・・・・・・24,**25**
キョウチクトウ　*Nerium oleander* var. *indicum*・・**96**,97
キンミズヒキ　*Agrimonia pilosa*・・・・・・・・・・・・・・**138**
キンモクセイ　*Osmanthus fragrans*
var. *aurantiacus*・・・・176,**177**,178

クサノオウ　*Chelidonium majus* var. *asiaticum*・・32,**33**
クズ　*Pueraria lobata*・・・・・・・・・・・・・・・・・・・・・・62
クマシデ　*Carpinus japonica*・・・・・・・・・・・・・・・・・125
グミ　*Elaeagnus* spp.・・・・・・・・・・・・・・・・・・・・・・154
クモマタンポポ　*Taraxacum trigonolobum*・・・・・・・・10
クリスマスカクタス　*Zygocactus truncatus*・・・・・・170
クレマチス　*Clematis* spp.・・・・・・・・・・・・・・・・・16,17
クローバー　*Trifolium repens*
・・・・・・・・35,60,**61**,**62**,**63**,**65**,115,147

ケシ *Papaver soniferum* ……97
ゲッカビジン *Epiphyllum oxypetalum* ……86,**87**
ケマンソウ *Dicentra spectabilis* ……97
ケヤキ *Zelkova serrata* ……17,118,142,143
ゲンノショウコ *Geranium thunbergii* ……38,**39**

コオニタビラコ(古名ホトケノザ)
Lapsana apogonoides ……**186**
コーヒー（ノキ） *Coffea arabica* …… 97
ゴギョウ（=ハハコグサ） *Gnaphalium affine* ……181
ゴクラクチョウバナ *Strelitzia reginae* ……170
コケ（類） *Bryophyta* ……25,142,191
コケスミレ *Viola arcuata* var. *yakusimana* ……**25**
コケモモ *Vaccinium vitisidaea* ……154
コセンダングサ *Bidens pilosa* ……**139**
コチョウラン *Phalaenopsis* spp. ……70,**71**
コブシ *Magnolia kobus* ……141
コマツヨイグサ *Oenothera laciniata* ……82
コミヤマカタバミ *Oxalis acetosella* ……37
コムラサキ *Callicarpa dichotoma* ……155
コモチシダ *Woodwardia orientalis* ……**193**
ゴレンシ（スターフルーツ） *Averrhoa carambola* ……**37**
コンニャク *Amorphophallus rivieri* ……**45**

サ

サオトメバナ（=ヘクソカズラ） *Paederia scandens* ……101
サギソウ *Habenaria radiata* ……**27**,70
サクラ *Prunus* spp. ……11,32,142,171,194
サクラスミレ *Viola hirtipes* ……**25**
サクラソウ *Primula sieboldii* ……18,19,20,**21**,22,23
サクランボ（=セイヨウミザクラ） *Prunus avium* ……154
ザクロ *Punica granatum* ……170,**171**
サザンカ *Camellia sasanqua* ……168
ザゼンソウ *Symplocarpus foetidus* var. *latissimus* ……80
サトウカエデ *Acer saccharum* ……**119**
サルウィンツバキ *Camellia saluenensis* ……168
サルスベリ *Lagerstroemia indica* ……**59**
サルビア（ヒゴロモソウ） *Salvia splendens* ……150,170
サワシバ *Carpinus cordata* ……125
サンショウ *Zanthoxylum piperitum* ……148,154,**155**,176
サンリンソウ *Anemone stolonifera* ……160

シェパーズ パース（=ナズナ）
Capsella bursa-pastoris ……182
四季咲きベゴニア *Begonia* Semperflorens
-Cultorum Hybrids ……**59**
シキミ *Illicium anisatum* ……97
シコンノボタン *Tibouchina urvilleana* ……**59**
シソ *Perilla frutescens* ……62
シダ（類） *Pteridophyta*
……142,188,189,190,191,192,193,195
シチダンカ *Hydrangea macrophylla*
subsp. *serrata* var. *stellata* ……48,**52**
シナノタンポポ *Taraxacum platycarpum* ssp. *hondoense* 9
シハイスミレ *Viola violacea* ……24
シビトバナ（=ヒガンバナ） *Lycoris radiata* ……94
シャガ *Iris japonica* ……13
ジャガイモ *Solanum tuberosum* ……97
シャクナゲ *Rhododendron* spp. ……**97**
シャジクソウ *Trifolium lupinaster* ……**63**
ジャノヒゲ *Ophiopogon japonicus* ……**154**
シャミセングサ（=ナズナ） *Capsella bursa-pastoris* ……183
シューティング・スター *Dodecatheon meadia* ……150
ジュズダマ *Coix lacryma-jobi* ……137
ショウジョウバカマ *Heloniopsis orientalis* ……**13**
シラン *Bletilla striata* ……70
シロツメクサ *Trifolium repens* ……60,61
シロバナエンレイソウ *Trillium tschonoskii* ……**163**
シロバナタンポポ *Taraxacum albidum* ……**11**
シロバナヒガンバナ *Lycoris albiflora* ……**99**
ジロボウエンゴサク *Corydalis decumbens* ……**33**
ジンチョウゲ *Daphne odora* ……176,178
シンビジューム *Cymbidium* spp. ……70,194

スイセン *Narcissus* spp. ……**96**,97
スイバ *Rumex acetosa* ……36
スギナ *Equisetum arvense* ……188,**189**,190,191,192
ススキ *Miscanthus sinensis* ……114,147

スズシロ（=ダイコン） *Raphanus sativus* ······181
スズナ（=カブ） *Brassica rapa* ··············181
スズラン *Convallaria majalis* var. *keiskei* ········96
スノードロップ *Galanthus nivalis* ············159
スミレ *Viola* spp. ················24,25,27,29,30,
31,32,33,38,164,165
スミレ（マンジュリカ）*Viola mandshurica* ····24,**25**

セイタカアワダチソウ *Solidago altissima*
····22,112,**113**,114,**115**,116,**117**,147
セイヨウアジサイ *Hydrangea macrophylla*
f. *hortensia* ····48
セイヨウタンポポ *Taraxacum officinale* ····**9**,10,**11**,
12,14,**15**,115
セイヨウヤドリギ *Viscum album* var. *album*··142,144
セツブンソウ *Eranthis pinnatifida* ······**158**,159,**164**
セリ *Oenanthe javanica* ····················181
センダングサ *Bidens biternata*················138
センパフローレンス（=四季咲きベゴニア）
Begonia Semperflorens-Cultorum Hybrids ··59
センボンヤリ *Leibnitzia anandria*·············29
センリョウ *Chloranthus glabra* ········148,**149**,150

ソテツ *Cycas revoluta* ······················176
ソバ *Fagopyrum esculentum* ··················23

タ

ダイコン（古名スズシロ） *Raphanus sativus* 79,80,181
ダイズ *Glycine max* ···················38,39,65
タイマツバナ *Monarda didyma* ··············170
タウコギ *Bidens tripartita*················138,**139**
タカネスミレ *Viola crassa* ·················25
タチオオバコ *Plantago virginica* ············109
タチツボスミレ *Viola grypoceras* ········24,26,27,**29**
タバコ *Nicotiana tabacum* ············97
タビラコ（=コオニタビラコ、古名ホトケノザ）
Lapsana apogonoides ········181,**186**
タマアジサイ *Hydrangea involucrata* ········48,**50**
タンポポ *Taraxacum* spp. ····8,9,10,11,**14**,16,78,187

チカラシバ *Pennisetum alopecuroides* ··········138
チゴユリ *Disporum smilacinum* ··············164
チヂミザサ *Oplismenus undulatifolius* ··········**138**
チドリノキ *Acer carpinifolium* ············118,**125**
チューリップ *Tulipa gesneriana* ··············159

ツキヌキニンドウ *Lonicera sempervirens* ········170
ツキミソウ *Oenothera tetraptera* ··············82
ツクシ（=スギナ）*Equisetum arvense* ············
188,**189**,190,191,192
ツバキ *Camellia* spp. ············**145**,150,166,167,
168,**169**,170,171
ツバキ「金花茶」 *Camellia chrysantha*
var. *chrysantha* ······168
ツバキカズラ *Lapageria rosea* ················**170**
ツボミオオバコ（=タチオオバコ）
Plantago virginica ············**109**
ツユクサ *Commelina communis* ········50,54,**55**,**56**,
57,58,59,176
ツリフネソウ *Impatiens textori* ················38
ツルアジサイ *Hydrangea petiolaris*··············48
ツルマメ *Glycine soja*························**39**

テイカカズラ *Trachelospermum asiaticum* ····**16**,**123**
デイゴ *Erythrina variegata* var. *orientalis* ········170
テングスミレ（=ナガハシスミレ）*Viola rostrata*····27
テンナンショウ *Arisaema* spp. ················40

トウカイタンポポ（=ヒロハタンポポ）
Taraxacum longeappendiculatum ··9
トウカエデ *Acer buergerianum*··········17,118,122
トウツバキ *Camellia reticulata* ·············168
トウモロコシ *Zea mays* ·················44,114
トウワタ *Asclepias curassavica* ············102,**103**
トクサ *Equisetum hyemale* ··············189,**192**
ドクダミ *Houttuynia cordata* ····13,76,**77**,78,79,150
トケイソウ *Passiflora* spp. ··················**104**
トチノキ *Aesculus turbinata* ··················52,**53**
ドリアン *Durio zibethinus*······················86

トリカブト *Aconitum* spp. ・・・・・96,97

ナ

ナガハシスミレ *Viola rostrata* ・・・・・**27**,28
ナズナ *Capsella bursa-pastoris* ・・・・・176,180,**181**,182,**183**,184,**185**,**186**,187
ナンキンハゼ *Sapium sebiferum* ・・・・・123,124
ナンテン *Nandina domestica* ・・・・・148,**149**,153
ナンバンギセル *Aeginetia indica* ・・・・・**147**

ニオイタチツボスミレ *Viola obtusa* ・・・・・26
ニシキギ *Euonymus alatus* ・・・・・124
ニセアカシア *Robinia pseudoacacia* ・・・・・62
ニッコウキスゲ *Hemerocallis dumortieri* var. *esculenta* ・・・・・86
ニッコウネコノメ *Chrysosplenium macrostemon* var. *shiobarense* ・・**162**
ニホンズイセン *Narcissus tazetta* var. *chinensis* ・・・・・13
ニョイスミレ（=ツボスミレ） *Viola verecunda* ・・・・・24,25,26
ニラ *Allium tuberosum* ・・・・・80
ニリンソウ *Anemone flaccida* ・・・・・159,**160**,161,164
ニワウルシ *Ailanthus altissima* ・・・・・17
ニンニク *Allium sativum* ・・・・・80

ヌスビトハギ *Desmodium oxyphyllum* ・・・・・**138**

ネギ *Allium fistulosum* ・・・・・80
ネコノメソウ *Chrysosplenium grayanum* ・・・・・**162**
ネジバナ *Spiranthes sinensis* ・・66,**67**,**68**,**69**,70,72,**73**,74
ネナシカズラ *Cuscuta japonica* ・・・・142,144,146,**147**
ネムノキ *Albizia julibrissin* ・・・・・62,**86**

ノウゼンカズラ *Campsis grandiflora* ・・・・・170
ノゲシ *Sonchus oleraceus* ・・・・・**16**,**187**
ノジスミレ *Viola yedoensis* ・・・・・24
ノブキ *Adenocaulon himalaicum* ・・・・・138
ノボタン *Melastoma candidum* ・・・・・59
ノリウツギ *Hydrangea paniculata* ・・・・・48
ノルウェーカエデ *Acer platanoides* ・・・・・**119**
ノルウェーカエデ‘ゴールズワースパープル’ *Acer platanoides* ‘Goldsworth Purple’ ・・119

ハ

ハエトリグサ *Dionaea muscipula* ・・・・・125
ハクサンオオバコ *Plantago hakusanensis* ・・・・・**111**
ハクサンコザクラ *Primula cuneifolia* var. *hakusanensis* ・・・・・**23**
バクダンウリ *Cyclanthera explodens* ・・・・・38
ハコネウツギ *Weigela coraeensis* ・・・・・52,**53**
ハコベ（古名ハコベラ） *Stellaria neglecta* ・・・・・181
ハシリドコロ *Scopolia japonica* ・・・・・**97**
ハス *Nelumbo nucifera* ・・・・・141
ハゼノキ *Rhus succedanea* ・・・・・**124**
ハッショウマメ *Mucuna pruriens* var. *utilis* ・・・・・114
ハナノキ *Acer pycnanthum* ・・・・・120
ハナミズキ *Cornus florida* ・・・・・124
バニヤンツリー（=ベンガルボダイジュ） *Ficus benghalensis* ・・・・・126
ハハコグサ（古名ゴギョウ） *Gnaphalium affine* ・・181
パピリオスミレ *Viola papilionacea* ・・・・・**26**
ハマユウ *Crinum asiaticum* var. *japonicum* ・・・・・86
ハルジオン *Erigeron philadephicus* ・・・・・115,**187**
バンクシア *Banksia* spp. ・・・・・170
パンジー *Viola*×*wittrockiana* ・・・・・**26**,27

ヒイラギ *Osmanthus heterophyllus* ・・・・・38
ヒエンソウ *Delphinium ajacis* ・・・・・27
ビオラ *Viola* spp. ・・・・・26,27,**30**
ビオラ ソロリア *Viola sororia* ・・・・・**26**
ヒガンバナ *Lycoris radiata* ・・・・13,94,**95**,**98**,114,**115**
ヒシ *Trapa japonica* ・・・・・140
ヒトツバカエデ（マルバカエデ） *Acer distylum* ・・118,**125**
ヒトリシズカ *Chloranthus japonicus* ・・・・・**163**
ヒナザクラ *Primula nipponica* ・・・・・**22**
ヒノキバヤドリギ *Korthalsella japonica* ・・・・・**145**
ヒペリクム・パーフォラツム（セイヨウオトギリソウ） *Hypericum perforatum* ・・・・・**105**

ヒマラヤスギ *Cedrus deodara* ・・・・・・・・・・・・・・・・114
ヒマワリ *Helianthus annuus* ・・・・・・・・・・・・・・・・114
ヒメジョオン *Erigeron annuus*・・・・・・・・・・・・・・・・187
ヒメスミレ *Viola confusa* ・・・・・・・・・・・・・・・・・・・24
ヒメムカシヨモギ *Erigeron canadensis*・・・・・・・・・・**187**
ヒヤシンス *Hyacinthus orientalis* ・・・・・・・・・・・・159
ヒョウタンカズラ（アルソミトラ マクロカルパ）
Alsomitra macrocarpa ・・・・・・・・**16**
ピラカンサ *Pyracantha* spp. ・・・・・・・・・・・・・・150,**152**
ビロードモウズイカ *Verbascum thapsus* ・・・・・・・・**141**
ビワ *Eriobotrya japonica* ・・・・・・・・・・・・・・・・・・・**171**

斑入りツユクサ ・・・・・・・・・・・・・・・・・・・・・・・・・58
フウセンカズラ *Cardiospermum halicacabum* ・・16,17
フウラン *Neofinetia falcata* ・・・・・・・・・・・・・・・・・・27
フキ *Petasites japonicus* ・・・・・・・・・・172,**173**,**175**,178
フクシア *Fuchsia* ×*hybrida*・・・・・・・・・・・・・・・・・・170
フクジュソウ *Adonis amurensis* ・・・・96,156,157,158,159,160,**161**,164,165
フクジュソウ「紅撫子」
Adonis amurensis 'Beninadeshiko' ・・・・・・**157**
フジ *Wisteria floribunda* ・・・・・・・・・・・・38,**39**,62,164
ブタクサ *Ambrosia artemisiaefolia*・・・・・・・・・・114,136
フタリシズカ *Chloranthus serratus* ・・・・・・・・・・・・163
フデリンドウ *Gentiana zollingeri*・・・・・・・・・・・・・・**163**
ブナ *Fagus crenata* ・・・・・・・・・・・・・・・・・・・118,157
プラタナス *Platanus* spp.・・・・・・・・・・・・・・・・・・・・119
プランタゴ・オバタ *Plantago ovata*・・・・・・・・・・・・・110
プリムラ オブコニカ *Primula obconica* ・・・・・・・・・・19
プリムラ ジュリアン *Primula juliae* ・・・・・・・・・・・・19
プリムラ ポリアンサ *Primula* ×*polyantha*・・・・・・・・**19**
プリムラ メラコイデス *Primula malacoides* ・・・・19,**20**
ブルーベル *Campanula rotundifolia*・・・・・・・・・・・・・159
フレンチマリゴールド *Tagetes patula* ・・・・・・・・・・**79**

ヘクソカズラ *Paederia scandens* ・・**79**,100,**101**,102,104
ヘゴ（=木性シダの一種）*Cyathea spinulosa* ・・・・・・**193**
ベゴニア *Begonia* spp. ・・・・・・・・・・・・・・・・・・・・・・59
ベニイタヤ *Acer pictum* var. *mayrii* ・・・・・・・・・・・・120
ベニガク *Hydrangea macrophylla* var. *accuminata* 'Rosalba' ・・・・48,52
ヘラオオバコ *Plantago lanceolata* ・・・・・・・・・・**109**,111
ベンガルボダイジュ *Ficus benghalensis* ・・・・・・・・126
ベンジャミン（フィカス・ベンジャミナ）
Ficus benjamina ・・88,126
ペンペングサ（=ナズナ）
Capsella bursa-pastoris ・・・・・・・・・・180,181,183

ポインセチア *Euphorbia pulcherrima* ・・・・・・125,136
ホウセンカ *Impatiens balsamina* ・・・・・・・・・・・・・・38
ホウレンソウ *Spinacia oleracea* ・・・・・・・・36,176,177
ホソエカエデ *Acer capillipes*・・・・・・・・・・・・・・・・・・120
ホソバテンナンショウ *Arisaema angustatum* ・・・・**47**
ホテイアオイ *Eichhornia crassipes* ・・・・・・・・・・・・115
ホトケノザ *Lamium amplexicaule* ・・・・・・29,**31**,32,**33**
ホトケノザ（古名。現在のタビラコ=コオニタビラコ）
Lapsana apogonoides・・・・33,181
ポトス *Epipremnum aureum* ・・・・・・・・・・**130**,**131**,133
ポプラ（セイヨウハコヤナギ）
Populus nigra var. *italica* ・・・・・・・・176
ホンコンカポック（=ヤドリフカノキ）
Schefflera arboricola・・・・・・・・・・・・129

マ

ミズナラ *Quercus mongolica* var. *grosseserrata* ········118,142,157
ミズバショウ *Lysichiton camtschatcense* ······**80**,133
ミズヒキ *Polygonum filiforme* ················138
ミゾソバ *Polygonum thunbergii* ················29
ミソハギ *Lythrum anceps* ····················23
ミツガシワ *Menyanthes trifoliata* ··············23
ミツデカエデ *Acer cissifolium* ················118
ミミガタテンナンショウ *Arisaema limbatum* ··40,**47**
ミヤマカタバミ *Oxalis griffithii* ················**37**
ミヤマタンポポ *Taraxacum alpicola* ············**10**

ムサシアブミ *Arisaema ringens* ················40
ムスカリ *Muscari* spp. ····················159
ムラサキ *Lithospermum erythrorhizon* ··········166
ムラサキカタバミ *Oxalis corymbosa* ··········**36**,37
ムラサキシキブ *Callicarpa japonica* ············**155**

メグスリノキ *Acer nikoense* ··············118,**119**
メナモミ *Siegesbeckia pubescens* ··············138
メマツヨイグサ *Oenothera biennis* ········82,**84**,141

木性シダ *Cyathea* spp. ······················**193**
モジズリ（=ネジバナ） *Spiranthes sinensis* ······66
モチノキ *Ilex integra* ······················150
モリアザミ *Cirsium dipsacolepis* ··············155
モンステラ *Monstera deliciosa* ············**132**,**133**

ヤ

ヤイトバナ（=ヘクソカズラ） *Paederia scandens* 100
ヤエドクダミ *Houttuynia cordata* f. *plena* ········**78**
ヤセウツボ *Orobanche minor* ················**147**
ヤドリギ *Viscum album* var. *coloratum* ················142,**143**,**144**,**145**
ヤドリフカノキ（=ホンコンカポック） *Schefflera arboricola* ············129
ヤナギ *Salix* spp. ························176
ヤナギタデ *Polygonum hydropiper* ··············29
ヤナギラン *Epilobium angustifolium* ············**17**
ヤブコウジ *Ardisia japonica* ··············148,**149**
ヤブツバキ *Camellia japonica* ············166,**167**
ヤブマメ *Amphicarpaea edgeworthii* var. *japonica* ··29
ヤマアジサイ *Hydrangea macrophylla* subsp. *serrata* 48
ヤマアジサイ「シチダンカ」*Hydrangea macrophylla* subsp. *serrata* var. *stellata* ······48,**52**
ヤマウルシ *Rhus trichocarpa* ················124
ヤマグルマ *Trochodendron aralioides* ··········129
ヤマブキ *Kerria japonica* ····················162
ヤマブキソウ *Chelidonium japonicum* ······161,**162**
ヤマモミジ *Acer palmatum* var. *matsumurae* ··118,**125**
ヤマモモ *Myrica rubra* ················176,**178**

ユウスゲ（=キスゲ） *Hemerocallis thunbergii* ····**86**
ユキツバキ *Camellia japonica* ssp. *rusticana* ··················166,**167**,168
ユキモチソウ *Arisaema sikokianum* ··········40,**47**
ユキワリイチゲ *Anemone keiskeana* ··········158
ユキワリコザクラ *Primula modesta* var. *fauriai* ··**22**
ユモトマムシグサ *Arisaema nikoense* ··········**47**

ヨウシュヤマゴボウ *Phytolacca americana* 122,**123**,**155**
ヨーロッパカエデ（=ノルウェーカエデ） *Acer platanoides* ······119

ラ

ライオンゴロシ *Harpagophytum procumbens* ····140
ラショウモンカズラ *Meehania urticifolia* ······**162**
ラッパズイセン *Narcissus pseudonarcissus* ········159
ラフレシア *Rafflesia arnoldii* ············142,146
ラワン（フタバガキ科の一部の樹木及びその木材） Lauan ······················17
ランタナ *Lantana camara* ················52,**53**

リママメ *Phaseolus lunatus* ················81
リュウキュウウマノスズクサ *Aristolochia liukiuensis* ········ 103
リンゴツバキ *Camellia japonica* var. *macrocarpa* ··169

ワ

ヘクソカズラの花を鼻の頭にちょこんと載せ、「鼻高テング」の遊びをしてみせる著者

著者紹介

多田多恵子（ただ・たえこ）
理学博士、専門は植物生態学。東京農工大、立教大、淑徳短大非常勤講師

高名な物理学者である父・久保亮五（東大名誉教授）と植物好きの母・久保千鶴子（俳人・「未来図」顧問）の次女として、東京都に生まれる。

当時、父親が理学部長だったこともあって、小石川植物園にもよく連れていってもらった。小学館の学習図鑑のジュウニヒトエの図の横に、初めて見た場所を「たまがわけん」（玉川学園と神奈川県を混同）と書き込むなど、子どもの頃から根っからの植物好き。

それが高じて東京大学理学部に進学、植物学を専攻、大学院に進む。今度は小石川植物園が研究の場に。牧野富太郎博士ゆかりの伝統ある分類学研究室に所属し、お昼にハルジオンのおひたしを食べたり、ヨウシュヤマゴボウの試食にトライして気が遠くなったり、野鳥の撮影に夢中になって池にはまったりと、多感でワイルドな学生生活を過ごす。植物生態学研究室での研究生活（「あとがき」参照）を経て、理学博士に。

コンピュータの研究者である夫と結婚、一男一女をもうけ、主婦業、大学講師、著述業そして研究者と、４足のわらじ生活。植物の不思議を巧みな語り口で紹介した朝日新聞・「花と緑」の連載で、一躍、人気を全国区に広げる。最近は、講演会、自然観察会の講師としても引っ張りだこ。そんな多忙な生活にもかかわらず、休日には近所の子どもやその父母たちまで巻き込んで、小石川植物園をはじめ公園や野山で植物探検をして回る。「見て！　見て！　見て！　面白いもの見つけたわよ！」。生まれながらの名ガイドは、文筆活動や観察会などを通じて一人でも多くの人に植物の営みやその窮状を理解してもらいたいと願う、植物の代弁者でもある。

著書に、身近な草木を集めてその生きて闘う知恵を紹介する図鑑『花の声』（山と溪谷社）、砂場のフジを題材に植物と接する楽しさを子供向けにやさしく語りかけた絵本『ふじだな』（福音館書店）がある。『自然の愉しみ方』シリーズ（全４冊・山と溪谷社）、『植物の世界』（朝日新聞社）など分担執筆、「山と溪谷」、「明日の友」、「BeneBene」等、連載エッセイも多数。

■本書に対するご質問やご意見がございましたら、下記あてE-mailにてご連絡ください

株式会社SCC
「SCCライブラリーズ」制作グループ
support@scc-kk.co.jp

※E-mail以外でのご質問には回答できません。ご了承ください

SCC ガーデナーズ・コレクション

したたかな植物(しょくぶつ)たち

ISBN4-88647-922-7

2002年4月1日　初版第1刷発行

著　者 ……………………多田(ただ) 多恵子(たえこ)

発行者 ……………………松尾(まつお)　泰(とおる)

発行所 ……………………株式会社エスシーシー（**SCC**）
〒164-8505
東京都中野区中野5丁目62番1号（**EDC**ビル）
電話（03）3319-7101

編　集 ……………………ムルハウス（宮田　一・中村奈保子）
編集協力 …………………比嘉尚美（アスク）・吉田恵美子
DTPデザイン ……………中村奈保子
イラスト …………………江口あけみ
カバー写真&本文写真 ……多田多恵子
中村忠好（ムルハウス）
アルスフォト企画（金田洋一郎・葛西英明・隅田雅春・瀬藤敏行）
カバーデザイン ……………中村奈保子

印刷所・製本所 ……………欧文印刷株式会社
電話（03）3817-5910